女性品位精修书

Nüxing Pinwei Jingxiushu

文 静◎编著

中国华侨出版社

图书在版编目（CIP）数据

女性品位精修书/文静编著．—北京：中国华侨出版社，
2011.10
ISBN 978－7－5113－1794－0

Ⅰ.①女…　Ⅱ.①文…　Ⅲ.①女性－修养－通俗读物
Ⅳ.①B825－49

中国版本图书馆 CIP 数据核字（2011）第 202197 号

●女性品位精修书

编　著/文　静
责任编辑/李　晨
封面设计/中侨智杰
经　销/新华书店
开　本/710×1000 毫米　1/16　印张 18　字数 205 千字
印　刷/北京溢漾印刷有限公司
版　次/2011 年 11 月第 1 版　2011 年 11 月第 1 次印刷
书　号/ISBN 978－7－5113－1794－0
定　价/32.00 元

中国华侨出版社　　北京朝阳区静安里 26 号通成达大厦 3 层　　邮编 100028
法律顾问：陈鹰律师事务所
编辑部：（010）64443056　　64443979
发行部：（010）64443051　　传真：64439708
网　址：www.oveaschin.com
e－mail：oveaschin@sina.com

前言

　　对于品位，不同人有不同的理解。品位，是一种人生态度，也是一种生活追求，更是一种心灵修行的自然结果。高雅出众的品位，绝对值得让我们细细地体味。而女人的品位，则是时间永远都打不败的美丽。

　　品位与物质有关，但绝非是纯粹的物质产物。真正有品位的女人，在旁人眼里是美丽可爱的，她们不一定天生丽质，却知道怎样打扮自己；她们的日常用品不一定很昂贵，但是却最适合自己；她们的生活不一定很复杂，但一定会过得舒适；她们的容貌会变老，但心态永远年轻……

　　做女人，当然要做有品位的女人。品位是指从外到内，仪容、谈吐、风度到修养，气质、品格、才干、学识的提升。有品位的女人，于工作上、人事关系处理上，都能表现恰当的灵智，令身旁的人如沐春风。

　　既然上天赋予了女人独厚的特质，就要将之发挥得淋漓尽致，当个有品位的女人。抓住这个方向的核心，就不致在日常烦琐的工作、人事、生活问题下"迷失"自己，变得狰狞、泼辣、唠叨、忌妒或尖酸。大部分女人本质上都具备动人的元素，或聪颖，或灵巧，或细致，只要人生方向上定位准确，决意当个有品位的女人，就能成功。

表面的品位很容易做到，难得是由内而外的品位。这不仅需要你用高品位的眼光打理生活，更需要浑厚的文化积淀和高尚的人生价值观，唯有如此，你的人生才更有内涵，生活才更有质量。

这是一本专属精品女人的"品位"提升指南，教给女性朋友如何从细节着手把自己塑造成有品位的女人，相信每一位读者都能在字里行间找到适合自己的那把通往品位女人的钥匙，让你成为令人怦然心动的女人，从而成就自己的美丽人生。

目录

第一章　女人的品位是能够准确定位自己

　　走别人的路容易，走自己的路难；前者是随波逐流，后者是逆水行舟。只有把自己放在最合适的位置上，才能发挥出自己的价值。有品位的女人，要先读懂自己，定好位。

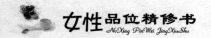

第二章 女人的品位是懂得保护自己的尊严

女人要想活得有尊严，就不要轻言放弃。要知道，社会不会同情眼泪。女人必须懂得保护自己。游走在社会中的女人，要懂得利用慧眼去识人，不要轻信花言巧语而迷失了自己的方向。

第三章　女人的品位是能够不断完善自己的个性

女人要跟上时代的发展，就必须不断完善自己。要学时代的新东西、新理念，要学会跟上时代的步伐，新时代的女性是充满魅力的。要知道，没有人不喜欢不求上进的女人！

第四章　女人的品位是能够独立撑起一片天空

有时候走向成功的最大敌人就是自己。在人生的路上，没有人为你铺上红地毯。任何事都得自己去奋斗，任何人都帮不了你，只能自己帮自己！天下没有免费的午餐，要走向成功就必须付出心血和汗水。

第五章　女人的品位是有一个快乐的心态

生活中总有困厄和竞争，它们就是烦恼、悲伤的根源，如果你不懂得自救，那么就很难生活得快乐幸福。调整好心态，努力削减生活中那些让人痛苦烦乱的因素，你就能够拯救自己，脱离"苦海"，在平凡简单的生活中捕捉到真正的快乐。

第六章　女人的品位是懂得知足与感恩

女人对于"品位"二字的理解往往随着年龄的增长而更加深刻。太多的欲望是种累赘，品位不是"秀"给别人看的展览品，它只是自己的一种感受，当你懂得知足和感恩时，你就是最有品位的女人。

第七章　女人的品位是能够解放自己并走出去

女人应懂得随时去解放自己的心灵，让工作和生活的状态更加饱满。抛开一切阻碍自己的不良因素，去回忆自己曾经历过的愉快情境，从而消除不良因素，走出自设的圈子。

第八章　女人的品位是上得厅堂下得厨房

男人要找个既能上得厅堂，又能下得厨房的老婆。虽然要求两者兼具，但按照语言的顺序可以看出，上得厅堂要远比下得厨房重要。要合乎这个标准，现代女性需要气质脱俗、爱好广泛、知书达理，在家里还要学会做个"小女人"。

第九章　女人的品位是擅长保养自己的容颜

女人不能改变容貌，却可以重塑形象；不能天生美丽，却可以修炼魅力。女人天生爱美，要好好珍惜属于你的青春年华，要懂得保养自己。

第十章　女人的品位是能够留住自己的健康

一个女人最应该珍惜的是健康。没有健康你就没有了一切！身体是生活的本钱，健康是品位的基础。一个女人要想拥有品位，先要留住健康。

第一章
∨∨∨

女人的品位是能够准确定位自己

走别人的路容易，走自己的路难；前者是随波逐流，后者是逆水行舟。只有把自己放在最合适的位置上，才能发挥出自己的价值。有品位的女人，要先读懂自己，定好位。

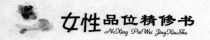

女人要会构建自己的心灵框架

构建自己的心灵框架，就是要善于对待生活，对待人生。女人经过了一些岁月的历练之后，像是攀登到了又一座高峰。回首昨日，走过来的路或许有过坎坷不平，或许有过鼻青脸肿的磕碰，或许有过较多的失望。回顾这些经历，只有站在高峰上才能看得到、想得透。一般来说，女人大多在懂得感慨的同时更懂得理智，她们在成熟中，能散发出独特的芬芳，闪耀着独有的光芒，并且在芬芳和光芒的背后，蕴涵着瑰丽的思想。

但在生活中，并不是所有的女人都如此。也有不少女人，她们没有自己的目标，没有自己的方向，不懂得构建自己的心灵框架，这是必须改变的。只有明确知道自己曾去过何处，今后又要去往何方，生命才有意义。

有这样一种说法：生活质量和品质的提升前提是知道自己想要什么。初听上去，这似乎是很世故的套话，没有表达什么实质性的内涵。事实上，在人的内心深处，的确需要一些目标和框架。

对于女人来说，这一点很重要。不管是已婚女人还是未婚美女，都应该知道自己要的是什么，只有这样，她们的人生才能得到想要的收获，人生才更幸福或者更活得自我。

作为一个女人，你又有怎样的想法呢？你能清楚地知道自己现在想要的是什么吗？如果清楚，那么恭喜你，你最终会得到你想要的收获；如果你还在浑浑噩噩地混日子，那么你将只能得到岁月流逝的痕迹。

说到这里，忽然想起了这样一段文字："守一颗心，别像守一只猫。它冷了，来依偎你；它饿了，来叫你；它痒了，来摩你；它厌了，便偷偷地走掉。守着一颗心，多希望它像只狗。不是你守着它，而是它守着你。"原文是说爱情的，但是我觉得它可以扩展到所有的事情上。

在我们周围，太多太多的人是生活的被动者，每天疲于奔命，像一只没头苍蝇一样跌跌撞撞，或者把自己扮演成了一个消防队员，急忙去扑救生活的火灾。每一天都在毫无目的的庸庸碌碌中度过，然后，百般懊恼，埋怨命运不公。就像印度诗人泰戈尔所说的，"当你为错过太阳而流泪的时候，你已经错过群星了。"要知道，生活就是一面镜子，你如何对待生活，生活也如何对待你。

要知道，没有明确的目标，你就永远无法到达终点。无论何时何地，都要明确自己的目标。多少人每天忙忙碌碌埋头苦干，被工作和生活压力所迫，渐渐地淡忘了梦想，目标开始变得模糊，人生或定位不清，不知该往何处去。

每一天，我们都遇到对自己的人生和周围的世界不满意的人。你可知道，在这些对自己处境不满意的人中，有98%的人对心目中喜欢的世界没有一幅清晰的图画，他们没有改善生活的目标，甚至没有一个人生目标来鞭策自己。结果是，他们继续生活在一个他们

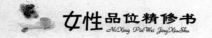

无意改变的世界里。

每年年底的时候，公司总是会要求员工对一年的工作做出总结，对新一年的工作做出规划。尽管这像是例行公事，但事实上，回顾自己这一年来的工作，为新一年的工作做个计划是很有必要的。当你为去年一年的收获而欣喜时，你必须问自己：新的一年我准备做什么？有什么新的计划？这一年里我要完成什么样的目标？有了新的目标，你就像在茫茫大海中航行的小船在前方看到了照明的灯塔，始终能够瞄准目标，加快速度，全力前行。

如果有机会的话，找一个安静的、不被打扰的空间，与自己的心灵对话，列一个清单，把那些你真正的想法具体表述出来，越详细越好。或许你会惊讶，原来，那些名牌的时装并不是你真正想要的东西，放下所有的包袱去旅行才是你的短期目标。

有品位的女人给自己定下目标之后，目标就在两个方面起作用：它是努力的依据，也是对自己的鞭策。目标给了你一个看得着的射击靶。随着你努力实现这些目标，你就会有成就感。对许多人来说制定和实现目标就像一场比赛，随着时间推移，你实现一个又一个目标，这时你的思维方式和工作方法又会渐渐改变。

你的目标必须是具体的，可以实现的。这点很重要。如果计划不具体，会降低你的积极性。为什么？因为向目标迈进是动力的源泉，如果你不知道自己向目标前进了多少，你就会泄气，甩手不干了。

让我们看一个真实的例子，一个人若看不到自己的目标会有怎样的结果。

　　1952 年 7 月 4 日清晨，加利福尼亚海岸笼罩在浓雾中。在海岸以西 21 英里的卡塔林纳岛上，一个 34 岁的女人涉水下到太平洋中，开始向加州海岸游过去。要是成功了，她就是第一个游过这个海峡的妇女，这名妇女叫费罗伦丝·查德威克。在此之前她是从英法两边海岸游过英吉利海峡的第一个妇女。

　　那天早晨，海水冻得她身体发麻，雾大得连护送她的船都几乎看不到。时间一个钟头一个钟头地过去，千千万万的人在电视上看着。有几次，鲨鱼靠近了她，被人开枪吓跑。她仍然在游。她的最大问题不是疲劳，而是刺骨的水温。

　　15 个小时之后她又累又冻浑身发麻。她知道自己不能再游了，就叫人拉她上船。她的母亲和教练在另一条船上，他们都告诉她海岸很近了，叫她不要放弃。但她朝加州海岸望去，除了浓雾什么也看不到。几十分钟之后——从她出发算起的第 15 个小时零 55 分钟之后，人们把她拉上船。又过了几个小时，她渐渐觉得暖和多了，这时却开始感到失败的打击，她不假思索地对记者说：“说实在的，我不是为自己找借口，如果当时我看见陆地也许我能坚持下来。”人们拉她上船的地点，离加州海岸只有半英里！后来她说，令她半途而废的不是疲劳，也不是寒冷，而是因为她在浓雾中看不到目标。查德威克小姐一生中就只有这一次没有坚持到底。两个月之后她成功地游过了同一个海峡。她不但是第一位游过卡塔林纳海峡的女性，而且比男子的纪录还快了大约两个小时。

　　查德威克虽然是个游泳好手，但也需要看见目标，才能鼓足干劲完成她有能力完成的任务。当你规划自己的人生时千万别低估了

NvXing PinWei JingXiuShu

制定可测目标的重要性。

还有非常重要的一点：有品位的女人总是事前决断，而不是事后补救。有品位的女人未雨绸缪、提前谋划，而不是等别人的指示。有品位的女人不允许其他人操纵自己的生活进程，因为她们知道，不事前谋划的人是不会有进展的。

鞋子合不合适只有脚知道，工作合不合适只有心知道。以自己的心和职业激情为依据选择工作，以便让自己保持对工作的持续热爱，这虽然是一种理想，但我们都有机会尽量靠近它。靠近的条件不仅要有明确的职业目标，还要懂得放弃不符合职业目标的利益，并培养放弃的勇气和能力。面对选择时，我们要坚持做自己最想做的事，而不被眼前利益所左右。即使一时不知道自己要的是什么，也别要那些明知自己并不真正想要的好东西，免得受其牵累。

作为现代女性，不应该仅仅只是能够从容面对生活，更要能够倾听自己的内心，创造自己想要的生活。对于一个女人来说，自知是她的源泉。自知的基础是有主张、有认识，知道自己是做什么的，知道自己想要什么、能要什么。无论自己有什么想法，只要能被轻易左右的都是没价值的，能被轻易打乱的都是不够坚定的。有了生活目标、事业追求以后，相信自己一定能行，相信自己能够达到自己想要的那个样子。自知衍生从容，从容导致坚定，坚定决定成就，成就成全安详，女人要知道自己究竟想要什么，才可以活得精彩辉煌。

你的价值需要重新评估

由于受各种条件的限制，人生有限的时间内只能在一定的行业中追求成功。女人，一定要理解一定的行业对自己人生的意义，与其在不适合自己的行业里辛苦劳作却一无所得，还不如鼓起勇气，重新评估自己，寻找自己的位置。选对了生存的方向和途径才能尽早到达理想中的至高境界。

人们智能的发展总是不平衡的，不要执意在"贫瘠的土地"上忙忙碌碌耗费精力，而荒废了"肥沃的田野"。

20 世纪初，德国著名化学家奥斯瓦尔德读中学时，父母为其选择了一条学习文学的道路。孰料，老师的评价是："他很用功，但过分拘泥，这样的人即使有很完美的品德，也无望在文学上有所建树。"父母充分尊重了儿子的选择，让他改学油画，但他既不善于构思，亦不会润色，更缺乏艺术的理解力，成绩在班上倒数第一。老师的评语变得简短而严厉："你在绘画艺术上是不可造就之才。"父母和奥斯瓦尔德并未气馁，主动到学校征求意见。化学老师见他做事一丝不苟，建议他试学化学。奥斯瓦尔德的智慧火花仿佛一下子被点燃了，这位在文学、绘画艺术上的不可造就之才竟成为公认的在化学方面"前程远大的高才生"。1909 年，奥斯瓦尔德获得诺贝尔化学奖，成为举世瞩目的科学家。

人在不同的领域其价值的实现程度有一定差别，有时这种差别是让人难以想象的。在这个领域你耗尽心力也一事无成，在另一个领域却可能轻轻松松取得成功。

一位禅师为了启发他的门徒，给他的徒弟一块石头，叫他去菜市场，并且试着卖掉它。这块石头很大，很好看。但师父说："不要卖掉它，只是试着卖掉它。注意观察，多问一些人，然后只要告诉我在菜市场它能卖多少钱。"这个门徒去了。在菜市场，许多人看着石头想：它可以做很好的小摆件，我们的孩子可以玩儿，或者我们可以把它当作称菜用的秤砣。于是，他们出了价，但只不过几个小硬币。门徒回来后说："它最多只能卖到几个硬币。"

师父说："现在你去黄金市场，问问那儿的人。但是不要卖掉它，只问问价。"从黄金市场回来，这个门徒很高兴，说："这些人太棒了，他们乐意出到1000元。"师父说："现在你去珠宝商那儿，但不要卖掉它。"门徒去了珠宝商那儿。他简直不敢相信，他们竟然乐意出5万元，他不愿意卖，他们继续提高价格——他们出到10万元。但是这个门徒说："我不打算卖掉它。"他们说："我们出20万元、30万元，或者你要多少就多少，只要你卖！"这个门徒说："我不能卖，我只是问问价。"他不能相信："这些人疯了！"

门徒回来了，师父拿回石头说："我们不打算卖了它，不过现在你应该明白了，这主要是想培养和锻炼你充分认识自我价值的能力和对事物的理解力。如果你是生活在菜市场，那么你只有那个市场的理解力，你就永远不会认识更高的价值。"

做任何事情都是这样，先了解自己在哪里能实现最大价值，然后再走进那个领域，去实现这种价值。如果你在并不明白自己价值的基础上，错误地在一个行业干下去，并一事无成，岂不可惜？

不断提升自己的能力

昨天的文盲是不识字，今天的文盲是不懂外语和电脑，明天的文盲是什么样？联合国教科文组织早已给出了新的定义：不会主动寻求新知识的人。

在人类跨进知识经济时代的今天，知识对每个人的重要性越来越突出，现在不再是"活到老，学到老"。而是"学到老，才能活到老"。所以，有品位的女人要会学习、学习、再学习。准备得充分一些、再充分一些。这样才能不断提高自身素质，抓住机遇，走向成功。

如果说人生就是一条道路的话，有品位的女人绝不会半途而废，会一直勇往直前地进取。在路上也许会有坎坷和荆棘，也许会跌倒，但是有品位的女人必定能够克服障碍，并且积累可贵的人生经验。

既然行走在生活的道路上，就像那首歌所唱的："人生路上甜苦和喜忧，愿与你分担所有。难免曾经跌倒和等候，要勇敢地抬头。谁愿常躲在避风的港口，宁有波涛汹涌的自由。愿是你心中灯塔的守候，在迷雾中让你看透。阳光总在风雨后，乌云后有晴空。珍惜所有的感动，每一份希望在你手中。阳光总在风雨后，请相信有彩虹。风风雨雨都接受，我一直会在你的左右。"能够找到愿意分担一切的伴侣固然幸福，但在生活中汲取的经验也非常重要。

然而，有品位的女人不会在井底于事无补地哭泣，更不会任由自己被埋葬在深深的井底，而是将痛苦化为经验，不断累积，那些经验会成为进步的阶梯，会让女人逐渐提高自己，终归能够化困境为顺境。

的确，知识是学不完的，需要我们不断努力学习。作为一个女性，不论你是在求学的时代，还是已经踏入社会，学习将始终伴随我们一生。可是，在现实生活之中，举目看去，这样的情况俯拾皆是：对于许多已经工作了的女性来说，自从走上工作岗位，便很难再有学习的时光和热情了。甚至很多大学的老师，即便她们处在教育的大环境下，除了教课之外，也没有多少时间用在学习新知识上。难道当真是大学一毕业，学习生涯就此结束了吗？其实不然。

中国古代先哲孔子有一句话，叫做"学然后知不足"。通过学习，我们会拓宽思路、增长知识，然而我们同时也会发现，自己不足的地方实在太多了，这也不懂，那也不懂。甚至常常会怀疑自己到底有没有这个能力、精力，把不足的地方补上。在我们身边，就常常有这样的例子，她们在这个关键点上浅尝辄止，最终半途而废。

学然后知不足，知不足后应该发愤图强，循序渐进，持之以

恒，直至弄懂为止。学然后知不足，已经是进步的一半，只要我们继续努力，弥补不足之处，就能取得更大的进步，这才是有品位的女人。

著名国学大师王国维在其《人间词话》一书中，有关于古今成大事业、大学问者立业、治学三境界的论述：古今之成大事业、大学问者，必经过三种之境界："昨夜西风凋碧树。独上高楼，望尽天涯路。"此第一境界也；"衣带渐宽终不悔，为伊消得人憔悴。"此第二境界也；"众里寻他千百度，蓦然回首，那人却在灯火阑珊处。"此第三境界也。

在这里奉献给各位亲爱的读者朋友们共勉，希望每一位有品位的女人，或者愿意成为有品位的女人，能够不断提高自己，完善自我，早日达到最高的境界。

我们要做"天鹅"一样的女人，有自信，有气质，经得起生活的起起落落，用自己独特的魅力充实一生。

永远做自己喜欢的事情

人们在从事自己喜爱的工作时，总是特别有激情，有创造力，而且容易感到幸福，感到满足。

人的一生短暂而漫长，但很多人只能把自己喜欢的事悄悄搁在心底，再加上一把锁，然后去做许多不一定是自己喜欢的事。

活着的理由很多，为工作而活，为责任而活，为别人而活，为许多说不清的道理甚至虚伪和毫无价值的评定而活。从日出到日落，从月圆到月缺，与多少美丽擦肩而过，多少真心喜欢做的事，心里想着惦记着，却一件也没有做成，任青丝变成白发，任额头皱纹缕缕。

有品位的女人选择做自己喜欢的事情，为了生命中少些缺憾、多点美丽，为了在扎上口袋时少一分后悔。

现代大多数女人都不甘心成为生活的牺牲品，她们努力挤出一部分生命给自己，但绝不意味着她们不承担责任，不履行义务，不扮好自己的社会角色，她们只是懂得人应该为自己而活。

工作很重要，它满足你所有的物质需求，它提供给你未来生活的幸福保障，女性要坚持一个前提：工作绝不能与自己喜欢的事情相冲突。她们希望自己每天开开心心去上班，心满意足回到家，愉快期待第二天太阳重新升起。

男人很重要，选择一个好男人做自己的伴侣，是女人一生里的头等大事，所有女人都会慎重对待。女性不应委屈自己，不应把金钱、相貌、门第等作为择偶标准，她们所要寻找的，一定是一个她自己喜欢的、相处融洽的伴侣。因为喜欢，正是产生爱情的首要基础。

家庭很重要，每个女人都梦想有一个幸福美满的家，为了这个目标，她们兢兢业业、任劳任怨地付出。为心爱的人做一顿美味晚餐，让房间保持清洁整齐，很多女人把家庭与家务等同起来。有品

位的女人也希望让自己的家变得幸福温馨，但她们却不愿意从此成为女佣、清洁妇。如果讨厌家务，尽可能请个钟点工来帮忙，否则，不是用爱心烹饪出来的食物不会让享用者感到快乐，不是用爱心整理好的屋子充满着怨气。

生活里重要的事情很多，但是最重要的是自己，是幸福快乐的心情。

每个人都有自己喜欢的事情，可是很多时候，人们其实没有选择的机会，现实生活中常常出现阴差阳错的事情。

年轻时，每个人都会有自己的梦想，随着岁月流逝，又很容易丢弃它们。现在的女性却把它们当作自己最珍贵的财富，把自己的时间尽量花在自己真正喜爱的事情上，她们甚至会忘却时光，永葆年轻的心态。

在琐碎的生活之余，女性会安安静静地读几页书，会心无旁骛地画几笔画，会快快乐乐地爬几趟山……不求能得到多大的成就，只是因为那是她心中所爱，属于她的东西任何人也夺不走。

能做自己喜欢之事的人是快乐的人，能做自己喜欢之事的人是幸福的人！

女性选择做自己喜欢的事情，是尊重自己的表现。只有做自己想做的事，人才会感觉到快乐和幸福，才会使自己在精神上获得充实和在心理上得到满足，才会对生活充满激情。

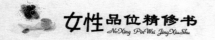

帆对正风向，船才能驶得更远

职场并非处处坦途，在这个潮流瞬息万变的时代中，女性只有坚定目标，才能冲破迷雾，走出迷宫般的原始森林。

可是，在职场上，很多女性总是害怕前途渺茫，轻易放弃自身求生的努力，丧失了自救的机会；或是退而求其次，在不断地游移之中，消耗掉了本身的雄心壮志，虽然跟随着别人走出了原始森林的迷宫，却失去了探险的勇气，安于琐碎而烦闷的生活。那么，在职场中如何树立并坚定自己的目标呢？

（1）现实性

制定一个现实的目标非常重要，这是最终可能成功的根本保障。刚刚进入职场的女性要认真分析自己的专业、性格、气质和价值观等，找出自己的特点，弄清楚自己到底想要一个怎样的结果。然后根据自己的实际情况，制定一个能够实现的目标，这是成功迈入职场的第一步。

（2）具体化

常言说得好，"无志者常立志"。确实，有些人经常确立目标，但最终却没有一个真正的目标。制定的目标一定要具体，因为我们只能根据具体的目标去制订具体的计划。如果你不知道具体做哪些事情才能够让老板愿意给你加薪，那么你的加薪梦想肯定会泡汤；

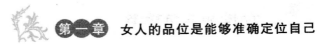

如果你不知道应该背哪些单词、应该背多少个单词，而是从字典的任意一页，比如 157 页开始任意背 1500 个单词，这样的目标就算实现了又能有什么效用呢？

同样，为了完成一项植树造林的计划，你不会笼统地说："我要在半年之内变得更健康一些，那样我就可以进入深山作业了。"而相反地，你可能会很具体地说："在半年之内，我要减轻 20 斤体重"或者"半年之内，我坚持每天跑它两三公里"。

（3）书面化

每个人都有不同程度的惰性，这是人类的基因所决定的，甚至不是大脑可以控制的。我们的惰性几乎可能以任何形式发作。如果你不把你的目标写下来，那么，很可能从某一天开始，你就"忘记"了你曾经制定的目标。

惰性的具体表现形式是让你"合理地"觉得并且相信"我还有那么多其他重要的事情要做呢……"直到有一天你突然想起来"哎呀！一个月过去了，我怎么忘了这件事儿呢！"而这样的念头过后，放弃几乎成了再自然不过的事情。

所以，一定要把已确定的目标写下来。甚至可以写到很多张"随手贴"上，然后贴到很多你每天必然能看到的地方，比如镜子右上角、马桶正对面的墙上、冰箱里放酸奶的地方……这种"反复地强化目标记忆"是非常重要的，它会使你不由自主地觉得已经确定的这个目标是最重要的事情。

（4）因势调整

真正现实的、具体的，即可能实现的目标往往是动态的，因为我们不是生活在一个静态的世界里，并且，我们自身也在不停地变化。

随着计划的不断实施，我们慢慢发现原本看来很现实的目标其实并不现实，或者原本看来具体的目标其实并不具体。也有这样的可能性：随着时间的推移，我们竟然发现已制定的目标并不是我们真正想要的；或者还有这样的可能性：突然发生了某些事情，导致原目标不得不暂时搁置，因为该突发事件更加紧急……

所以，要成为一名成功的职业女性，就应该把自己的目标适当地放在社会的大环境中衡量，而且在执行目标的同时，必须时刻调整自己的心绪，不要让自己的坏心情把目标断送。

在当今社会，大多数工作是不分性别的，只要你能力卓越，就会有一个适合的职位在等着你。而你只有无论身处顺境，还是逆境，都始终把握自己选定的目标，坚定不移地走下去，才能抓住属于你的机会。

无论做任何事，女人都要有目标。大部分女人希望自己是女强人，但也要家庭幸福，这就是目标。目标是女人生活的方向，没有目标，生活工作必定一团糟。这个目标，诱惑着女人，引导着女人，使女人步入更高的境界。

发挥优势才能走向成功

每个女人都有自己的优势、长处，充分发挥自己的优势，成功就会轻松快速地到来，如果你终日忙碌却仍旧平平庸庸，那一定是因为你没有真正发挥优势的缘故。

一个女人耗尽心力去做一件事而没有成功，并不意味着她做任何事情都无法成功。因为她可能选择了不适合自己天性的职业，这就注定要饱受辛苦却难以成功。莫里哀和伏尔泰都曾是失败的律师，但前者后来成了杰出的文学家，而后者成了伟大的启蒙思想家。

事实上，世界上有半数的人从事着与自己的天性格格不入的职业，而做自己的天赋所不擅长的事情往往会徒劳无益，因此失败的例子数不胜数。在职业生涯的选择方面，要扬长避短。你的天赋所在就是你擅长的职业。西德尼·史密斯说："不管你天性擅长什么，都要顺其自然；永远不要丢开自己天赋的优势和才能。"

比如说，你可能解不出那样多的数学难题，或记不住那样多的外语单词、成语，但你在处理事务方面却有特殊的本领，能知人善任、排难解纷，有高超的组织能力；你在物理和化学方面也许差一些，但写小说、诗歌是能手；也许你分辨音律的能力不行，但有一双极其灵巧的手；也许你连一张桌子也画不像，但有一副动人的歌喉；也许你不善于下棋，但有过人的臂力。在认识到自己长处的前提下，如果你能扬长避短，认准目标，抓紧时间把一件工作或一门学问刻苦、认真地做下去，久而久之，自然会结出丰硕的成果。

即使是那些看起来很平凡的人，也许在某些特定方面也有杰出的才能。比如，柯南道尔作为医生并不著名，写小说却名扬天下。每个人都有自己的特长，都有自己特定的天赋与素质，如果你选对了符合自己特长的努力目标，就能够成功。如果你没有选对符合自己特长的努力目标，很可能就会埋没自己。

很多成功人士之所以能取得成功，首先得益于他们充分了解自己的长处，根据自己的特长来进行定位。如果不充分了解自己的长处，只凭一时的兴趣和想法，那么定位就可能不准确，会有很大的盲目性。歌德一度没能充分了解自己的长处，树立了当画家的错误志向，害得他浪费了 10 多年的光阴，为此他非常后悔。美国女影星霍利·亨特一度竭力避免自己被定位为短小精悍的女人，结果走了一段弯路。后来幸亏经纪人的引导，她重新根据自己身材娇小、个性鲜明、演技极富弹性的特点进行了正确的定位，出演《钢琴课》等影片，一举夺得戛纳电影节的"金棕榈"奖和奥斯卡大奖。

惠灵顿曾经被他的母亲认为是一个笨孩子。在伊顿公学时，他曾被列入最差劲的学生行列，因为他什么都不懂，所以人们认为他什么都得从头学。他没有表现出任何天赋，也没有表现出任何要参与的意愿。在他的父母和老师的眼里，他那勤奋和坚毅的性格特征是对他缺陷的唯一补偿。最后他却成为了诗人。

扬·林尼厄斯几乎要被他的老师放弃了。当父母发现他不适合做教士时，就把他送进大学去学习医学。但是，一个默默无闻的、却比其他人更有耐心也更有智慧的老师，引导他进入了适合他的领域。此后，无论是疾病、灾难，还是贫穷，都不能把他从这个领域里拉出来。后来，林尼厄斯成为了他那个时代最伟大的指挥家。

每一个人都会在自己思维的入口处徘徊不已，要求拥有奇迹般的天才来明确地知晓自己适合哪些具体的工作。但是，这种天才其实是不存在的。

英国作家塞缪尔·斯迈尔斯被训练着去从事一种完全不适合他天性的职业，然而，他非常虔诚地去从事这一工作，这些经历对他日后的写作生涯起了很大作用，而写作正是最适合他的职业。忠实地对待身边的工作和日常职责，满怀着忠诚的责任心来对待自己的父母、老板以及自己，这些东西将会在适当的时刻把你带到光明的道路上去。无论是林肯还是格兰特，都不是从婴儿时就有入主白宫的早熟特征或驾驭人的天赋。因此，没有人会因为自己在摇篮里没有收到巨大的礼物馈赠而感到失望。他的任务就是尽力做好每一件手头的工作，并且按照他内心的天赋所指引的方向抓住每一个重大的机会，从而使自己不断进步。

有这样一句话曾经广泛流传："没有哪一个认识到自己天赋的人会成为无用之辈；也没有哪一个出色的人在错误地判断自己天赋时能够逃脱平庸的命运。"

富兰克林说，"有事可做的人就有了自己的产业，而只有从事天性擅长的职业，才会给他带来利益和荣誉"。站着的农夫要比跪着的贵族高大得多。

要想活得轻松一些，你就要学会根据自己的优势来设计自己。女人必须量力而行，根据自己的才能、素质、兴趣、环境、条件等，确定进攻方向。即使目前没找到适合自己的位置也不要埋怨环境与条件，应努力寻找有利条件；不能坐等机会，要自己创造条件，拿出成果来，获得社会的承认。要成为一个成功的人不仅要善于观察世界、观察事物，也要善于观察自己、了解自己，充分发挥自身的优势。

好高骛远会让自己活得很累

水从高原流下，由西向东。渤海口的一条鱼逆流而上，它的游技很精湛，因而游得很精彩，一会儿冲过浅滩，一会儿划过激流，它穿过了湖泊中的层层渔网，也躲过了无数水鸟的追逐。它不停地游，最后穿过山涧，挤过石隙，游上了高原。然而，它还没来得及发出一声欢呼，瞬间却被冻僵。

若干年后，一群登山者在高原的冰块中发现了它，它还保持着游动的姿势。有人认出这是渤海口的鱼。一个年轻人感叹说：这是一条勇敢的鱼，它逆行了那么远、那么长、那么久。另一个年轻人却为之叹息，说这的确是一条勇敢的鱼，然而它只有伟大的精神却没有正确的方向，它极端逆向的追求，最后得到的只能是死亡。勇

气固然重要，但凡事应该量力而行。

世界上大多数人都是平凡人，但大多数平凡人都希望自己成为不平凡的人。许多人梦想成功，梦想才华获得赏识、能力获得肯定，拥有名誉、地位、财富。不过，遗憾的是，真正能做到的人，似乎总是少数。因为，大多数人都经意或不经意地陷进了好高骛远的泥潭里，梦想难以实现，自己却疲惫不堪。

那些好高骛远者往往是把自己的理想设计得高不可攀，而根本不知道应该把理想与自己的实际力量在一定范围内联系起来。

有的女人做事情从来不考虑是否力所能及，于是做出了不切实际的决定，不是遭到失败就是把自己弄得身心俱疲。对于根本不可能的事，还是不要痴心妄想得好。

人生虽有许多种力量，但实力是构建人生最重要的手段和最基本的力量。在奔赴成功的艰辛路途中，我们绝不能好高骛远，我们需要的是实力，只有实力才能对人生的事业与理想起到帮助和推动作用，使人生增值。

曾经有一个人很不满意自己的工作，总觉得自己应该享受更高的待遇，他愤愤地对朋友说："我的老板一点也不把我放在眼里，在他那里我得不到重视。改天我要对他拍桌子，然后辞职。"

"你对那家贸易公司的情况完全清楚了吗？对他们做国际贸易的窍门完全搞通了吗？"他的朋友问道。

"没有！"

"君子报仇，十年不晚，我建议你好好地把他们的一切贸易技巧、商业文书和公司组织完全搞通，甚至连怎么排除影印机的小故障都学会，然后辞职不干，"他的朋友建议，"你把他们的公司当成免费学习的地方，什么东西都学通了之后，再一走了之，不是既出了气，又有许多收获吗？"

那人听从了朋友的建议，从此便时时留意学习，甚至下班之后，还留在办公室研究写商业文书的技法。

一年之后，那位朋友偶然遇到他，说："你现在大概多半都学会了，可以准备拍桌子不干了！"

"可是我发现，近半年来，老板对我刮目相看，最近更是委以重任，又升官，又加薪，我已经成为公司的红人了！"

"这是我早就料到的，"他的朋友笑着说，"当初你的老板不重视你，是因为你的能力不足，却又不努力学习；而后你痛下苦功，担当重任，当然会令他对你刮目相看。只知抱怨老板，却不反省自己的能力，这是人们常犯的毛病啊！"

要走出属于自己不同凡响的生存之路，好高骛远是行不通的。踏踏实实地做好你该做的工作，学会你该学会的知识，才是人生的首要选择。

如果你总在幻想将天上的月亮摘下来玩玩，这显然是不切实际而又浪费感情和精力的愚蠢之举。所以，做人做事都应以自己的实力为基础，任何脱离了基础的目标都如海市蜃楼一样可望而不可及。

目标一定要正确可行

对女人来说，目标是人生定位的方向，选择什么样的目标就意味着你将步入什么样的生存境界。

但是目标不是欲望，目标更加具体，也往往给自己设定了时限。它有欲望的感情牵动因素，更重要的则是要由自己做主，由自己去选择自己的目标。但选择目标的时候一定要选正确，选一个可以实现的、适合你的目标。否则，你就会为目标所累。

从前，有一个名叫布朗的人，他养了一只狗叫杰克。布朗在一家著名企业上班，虽然生活无忧，但是他总梦想着有朝一日能够超越自己的老板而暴富起来。

一天，布朗灵机一动，对杰克说："如果我能教会你像麻雀一样飞翔，世界上的人都将乐意花钱来请我，到那时咱们岂不是暴富了！"杰克为难地说："等一等，我不会飞呀！我是一只狗，而不是一只麻雀！"布朗非常失望："你这种消极态度确实是一个大问题。做什么事都要有目标，没有目标是成功不了的。我得为你上几天课。"

于是布朗每天下班都要给杰克上课，内容包括目标管理、战略制定以及时间管理等课程，但关于飞行方面的课程却什么也没有讲。

　　第一天飞行训练，布朗异常兴奋，但是杰克却很害怕。布朗解释说，他们住的公寓一共有 15 层，杰克从第一层开始，从窗户向外跳，每天加一层，最终达到 15 层。在每一次跳完之后，杰克都要总结经验，找出最有效的飞行技巧，然后把这些运用到下一次训练中。等到达最高一层的时候，杰克就学会飞了。可怜的杰克请求布朗考虑一下自己的性命之忧，但是布朗根本听不进去："这只狗根本就不理解狗会飞的意义，它更看不到我的伟大目标。"因此，布朗毫不犹豫地打开第一层楼的窗户，把杰克扔了出去。

　　第二天，准备第二次飞行训练的时候，杰克再次恳求布朗不要把自己扔出去。布朗拿出一本袖珍的《高绩效目标管理》，然后向杰克解释：当你面对一个目标时，总是害怕实现不了，由此就会停下来，忘了自己树立的目标。接下来，只听见"啪"的一声，杰克又被从二楼扔了出去。

　　第三天，杰克调整了自己的策略，即拖延。它要求延迟飞行训练，直到出现最适合飞行的气候条件为止。但是布朗对此早有准备，他拿出一张进度表，指着说："既然我们有了目标，那么就要每天向目标靠近，对不对？"于是这只忠诚的狗知道，今天不跳仅仅意味着明天跳两次而已。

　　不能说杰克没有尽其所能。如，第五天它给自己的腿加上了副翼，试图变成鸟；第六天，它在自己脖子上戴了一个红色的斗篷，试图把自己变成"超人"，但这一切都是徒劳。

　　到了第七天的时候，杰克已经摔断了双腿并且左耳失聪，它不再乞求布朗的仁慈。它只是直直地看着布朗说："主人，我是狗，

我不是麻雀，你想杀了我，也不必用这样的方法吧！"

布朗则指出："人生的目标就是在受到挫折后，不断努力才能成功的，我们不能放弃自己的目标……"

"闭嘴，开窗。"这只狗平静地说道，然后，它瞄着楼下的一块平地跳下去。可怜的杰克被摔得像一片叶子一样瘪。

布朗对杰克极其失望。飞行计划完全失败了，杰克没有学会如何飞，它降落的过程就像一袋沙子从楼上扔下来一样，而且它丝毫也没有听取布朗的建议："聪明地飞，而不是猛烈地下降。"现在，布朗唯一能做的事就是分析实行目标的整个过程，找出什么地方错了。经过仔细地思考，布朗笑了："下次，我找一只聪明的狗不就行了吗！"

虽然这是个笑话，但却使我们明白了一个道理：成功与否不在于你有多么宏伟的蓝图，而在于你是否选择了正确的目标。目标错了，就算你的目标有多么伟大，计划有多么严密，那也是枉然。

虽然每个人都有自己作决定的独特方法。但不幸的是，很多人都认为自己的选择未必是最正确的。这很自然，因为人们无法预知将来，无法提前看到自己的选择究竟会有多少益处，害怕将来不遂己愿。

但是，将来的事谁又能把握住呢？最重要的是抓住当下。只要你现在觉得自己是对的就可以了。如果相反呢？就马上改过来！

具体的做法是：

（1）注意真实的目标

作决定前，仔细辨别目标，将注意力集中于自己的真实目标上，而不要选择一个不切实际的目标。比如，问问自己：我是真的需要一双新鞋还是期待新鞋能把忧郁赶走，给自己带来好心情呢？如果答案是前者就去商店。辨清自己的目标再作决定，这才是对症下药。

（2）不要让小事缠身

如果是像今晚租什么影碟看之类的小事，给自己两分钟的时间考虑，然后就去办。问问自己，这个选择会对我的人生产生影响吗？如果答案是"不"，就千万别在那上面浪费时间了。

（3）面对重大问题时要保持冷静

如果面对的问题很复杂，选择的意义很重大，那千万不要草率。深呼吸，放松身心，问问自己最想要的是什么？一遍不行，就再问一遍。要是还不能决定，也不要勉强自己，这说明现在还不是拿出答案的时候。将问题搁置一下，或许明天、下周、下一个冬天……答案会自然而然地浮出水面。

（4）划掉不是最重要的那一个

一种选择的获取同时也意味着对另一种选择的放弃，没有人能够什么都得到，贪婪反而会令你失去全部。因此，应该告诉自己将最不重要的那一个划掉。

在目标的选择上，利用好现有资源，是最可取的。相信自己能够随着局势的变化作出恰当的调整；如果意识到自己的选择是错误的，就以最快的速度放弃并给自己新的选择机会。

目标不能游移不定

有品位的女人不能没有目标，也不能目标太多。没有目标地活着，人生便没有意义，而目标太多就容易分散精力，最终处处打井处处空。

这就说明，你必须设定一个固定目标，这个目标必须是清晰而切实可行的，而不是虚无缥缈的。目标一经确定，就要付诸行动，并执著地为之追求。

目标不能游移不定。每个人面对目标时都不能三心二意。

锁定目标就是你朝着自己确定的目标前进。这个目标是比较固定的，不是三心二意的，而且还是一个较高层次的。但锁定目标，并不是说你一生就只能有这个目标，如果你今后感觉这个目标不适合自己，或你有更高层次的目标，你可以更改。

因此，人生有一件很重要的事就是学会制定目标，如果实践检验这个目标是对的，就要锁定，并为之全力以赴；如果你的目标是错的，不合时宜的，就要更改。只有这样，你才可能到达生存之境的巅峰。

即使你能力超凡，才华横溢，如果你不把你的能力放在你所制定的目标上一直坚持下去，那么，你的能力也不会被世人所发觉，更不会取得相应的成绩。

拿破仑的名字大家都很熟悉，但是很少有人知道他年轻的时候，由于生活贫困，灰心到了极点，几度使他差点放弃追求，成为一个"普通人"。

当时，他的父亲是极高傲但又穷困的科西嘉贵族。父亲送拿破仑进了一个在布列讷的贵族学校，在这里与他往来的都是在他面前极力夸示自己富有而讥讽他穷苦的同学。

后来他实在受不住了，写信给父亲，说道："为了忍受他们的这些嘲笑，我实在疲于解释我的贫困了，他们全身上下唯一高于我的便是金钱，至于说到高尚的思想，他们是远在我之下的。难道我应当在这些富有而高傲的人面前谦卑下去吗？"

"我们没有钱，但是你必须在那里读书，而且一定要超过他们，因为这是你的目标。"父亲回答说。

从此，每一种嘲笑，每一种欺侮，每一种轻视的态度，都使他更加坚定了决心，他发誓要做出个样子给他们看看，他确实是高于他们的。他是如何做的呢？这当然不是一件容易的事，他一点也不空口自夸，只在心里暗暗计划，决定把这些没有头脑却傲慢的人作为桥梁，去获得自己的技能、财富、名誉和地位。

在他16岁当少尉的那年，他遭受了另外一个打击，那就是他父亲的去世。在那以后，他不得不从很少的薪金中，省出一部分来帮助母亲。当他接受第一次军事征召时，必须步行到遥远的发隆斯去加入部队。

等他到部队时，看见他的同伴们正在用多余的时间追逐女人和

赌博，而他那不受人喜欢的体格使他没有资格得到前者；同时，他的贫困也使他得不到后者。于是他改变方针，用埋头读书的方法，去努力和他们竞争。读书和呼吸一样是自由的，因为他可以不花钱在图书馆里借书读，这使他得到了很大的收获。通过几年的用功，他读书所摘抄下来的笔记，经整理印刷出来的就有 400 多页。他想象自己是一个总司令，将科西嘉岛的地图画出来，地图上清楚地指出哪些地方应当布置防范，这是用数学的方法精确地计算出来的。因此，他的数学才能获得了提高，这使他第一次有机会展示他的能力。

他的长官看出拿破仑的学问很好，便派他在操练场上执行一些特殊的工作，这是需要极复杂的计算能力的。但拿破仑的工作做得极好，于是他又获得了新的机会，拿破仑开始走上通往权势的道路。

这时，一切的情形都改变了。从前嘲笑他的人，现在都涌到他面前来，想分享一点他得的奖金；从前轻视他的人，现在都希望成为他的朋友；从前讥笑他的人，现在也都改为尊重他。他们都变成了他的忠实拥护者。

除他的才能之外，是什么力量使拿破仑的生活有了如此的改变？就是因为他能够面对贫困，并促使自己制定了伟大的目标，同时将嘲笑和轻视化做无穷的力量，为实现目标执著地追求。

能够锁定目标并全力以赴，我们的目标就绝不会沦为一个缺乏行动的空想。

也许有人会说，为什么同样是有目标的人，有的人成功了，有的人却失败了？那是因为在为一件事做准备时，不但要制定明确的目标，更重要的是要始终专注于这个目标，不能因为其他事情的出现而分散自己的注意力。如果你今天想成为一名营销高手，明天想成为一名管理专家，后天又想当一名出色的设计师。最终的结果只能是得不偿失，你的准备工作很可能前功尽弃。这样，显然无法把接下来本应该做得很好的工作完成得令人满意。请相信这样一句话：一个好猎手的眼中只有一个猎物。

第二章 >>>

Nv Xing Pin Wei
Jing Xiu Shu

女人的品位是懂得保护自己的尊严

　　女人要想活得有尊严,就不要轻言放弃。要知道,社会不会同情眼泪。女人必须懂得保护自己。游走在社会中的女人,要懂得利用慧眼去识人,不要轻信花言巧语而迷失了自己的方向。

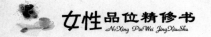

坚决不做沉默的羔羊

一个男人在他的老婆面前就是一座山、一根顶梁柱，他有责任有义务去保护、爱护他的女人，这是一个最基本的要求。如果连这一点都做不到，甚至动手伤害自己的女人，那他就不配做一个男人。无论出于什么原因，在女人身上施加暴力的男人是最没出息的。

所以，如果女人的生活中遇到这样的男人，千万不要保持沉默、对他抱有任何幻想，应尽早地脱离苦海。

但遗憾的是，在现实生活中，太多的女人出于种种原因，受了伤害却把眼泪悄悄地咽在肚子里。

据一项调查显示，面对家庭暴力，大多数人还是选择自我消化为主，"谁愿意把家丑扬到外面去？"

在某小区，中年女子素珍（化名）就是"家丑不可外扬"的典型。就其所住小区居委会主任称，素珍常被丈夫打得伤痕累累。可面对媒体的关注她却采取了掩饰回避的态度，"家丑不可外扬，我没有被打，你们不要乱说！"

据居委会主任介绍，素珍长期受丈夫打骂，居委会多次出面调解都没有用。主任说："我们也是接到邻居举报才知道的。我当初去找素珍时，她不承认自己被丈夫打。后来有一天，我经过她们家

楼下，隐隐约约听见女人的哭喊声，敲开门看见素珍趴在地上，其夫满嘴酒气，这样的事情不知道发生了多少次。"

真是让人难以理解，那些深陷苦海的女人怎么就不明白，保持沉默能解决什么问题？

当家庭暴力发生时，首先你可以拨打"110"报警。

公安机关在接到家庭暴力报警后，会迅速出警，及时制止、调解，防止矛盾激化，并做好第一现场笔录和调查取证；对有暴力倾向的家庭成员，会进行及时疏导，予以劝阻；对实施家庭暴力行为人，根据情节予以批评教育或者交有关部门依法处理。如果伤情严重，并且受害方可以到公安机关指定的卫生部门进行伤情鉴定，受害方可以到法院起诉实施家庭暴力行为人。

还可以求助于媒体。

刘丽是从山西来津当保姆谋生的，后来开了一间养老院。2003年9月，刘丽经人介绍认识了张某并很快结婚。蜜月里，张某对刘丽还算体贴，可婚后两个月，张某猜忌的本性就逐渐显露出来。第一次，张某怀疑刘丽与20多岁的小伙子刘某发生关系，抓住刘丽的头狠命往墙上撞，并不停蹬踏其腹部，导致刘丽的左眼青肿，视力模糊；第二次，张某无故打人，刘丽上前阻止，又被他打得头破血流，两肋疼痛。刘丽提出离婚，但被张某的妹妹和邻居劝下了。

此后，张某更加猖狂，只要他觉得有异样就对刘丽不分青红皂白就是一顿毒打。2004年9月初，张某再次诬陷刘丽和别人有染，再次施暴，刘丽不得已从家里逃了出来。

事发后她向媒体求助，好心人为她找到了律师，无偿为她提供法律援助。刘丽终于勇敢地向法院起诉离婚，在刘丽的坚持和不懈努力下，张某终于同意离婚。2005年年底，刘丽在妇联的介绍下再次走进婚姻的殿堂，如今夫妻两人共同创业，过着幸福的生活。

说起当年的那段经历，刘丽感慨万千，她说："在表面看似和谐的家庭中，不知道有多少像我当初一样的妇女忍受着家庭暴力，可她们碍于面子和孩子，不敢去反抗，有苦只能往肚子里咽。我想用自己的亲身经历告诉她们，勇敢地反抗，才能获得重生。"

由于不幸的家庭各有各的不幸，我们不能一概而论，开什么灵丹妙药，在此，仅支出以下几招，你可以选择适合自己的解决方式来应对家庭暴力。

（1）重视婚后第一次暴力事件，绝不示弱，让对方知道你不可以忍受暴力。

（2）说出自己的经历。诉说和心理支持很重要，你周围有许多人与你有相同的遭遇，你们要互相支持，讨论对付暴力的好办法。

（3）如果你的配偶施暴是由于心理变态，应寻找心理医生和亲友帮助，设法强迫他接受治疗。

（4）在紧急情况下，拨打"110"报警。

（5）向社区妇女维权预警机构报告。这个机构由预测、预报、预防三方面组成。各街道、居委会将通过法律援助站或法律援助点，帮助妇女提高预防能力，避免遭遇侵权。

（6）受到严重伤害和虐待时，要注意收集证据，如，医院的诊断证明；向熟人展示伤处，请他们作证；收集物证，如伤害工具等；以伤害或虐待提起诉讼。

（7）如果经过努力，对方仍不改暴力恶习，离婚不失为一种理智的选择。这也是目前摆脱家庭暴力的一种方法。

不管怎样，面对家庭暴力，女人千万不要做沉默的羔羊，你的妥协只会更加助长对方的兽性，使问题日趋严重。

在两性平等的爱情中间，谁也不应该惧怕或奴役对方。千万不要相信他的悔恨、道歉和眼泪，如果他真心爱你，保护你还来不及，为什么要如此摧残心爱的人呢？更何况这种施虐者的治愈率极低，而且不思改过。如果你不当断则断，就会永远徘徊在被他毁灭和他的允诺之间，永无宁日。

通达的女人不会刻意表现自己

女人信仰的是强者之美，有的女性认为做人就该多想着自己，多表现自己，至于别人怎么看自己才不在乎呢。然而这种为人处世的方法是存在很大问题的，一个不顾及别人的人也难获得别人的认可。

有的人说话，不顾及别人的态度与想法，只是一个人滔滔不绝，说个没完没了，讲到高兴之处，更是眉飞色舞，你一插嘴，立刻就会被打断。这样的人，还是大有人在的。只要他一打开话匣子，就很难止住。跟他在一起，你就要不情愿地当个听众。他甚至可以从上午讲到下午，连一句重复的话都没有，真不知道他的话都是从哪儿来的。每次他找人闲聊，大家都躲得远远的，因为和他在一起实在没劲。

人与人交往，重要的是双方的沟通和交流。在整个谈话过程中，若只有一个人在说，就不容易与对方产生共鸣，这样就达不到沟通和交流的效果。就是说，交谈中要给他人说话的机会，一味地唠叨不停就会使人不愿意与你交谈。

每个人对事物的看法各不相同，如果你在与他人交往的过程中，把自己的观点强加给别人，就会引起他人的不满。其实，每个人由于生活经历不同，对事物的认识也会不尽相同，各持己见也是正常的现象。但是当他人提出不同意见时，就断然否定，把自己的观点强加给别人，这样必定会给人留下狭隘偏激的印象，使交谈无法进行下去，甚至不欢而散。当你与他人交谈时，应该顾及对方的感受，以宽容为主，即使他人的观点不正确，也要坚持与对方共同探讨下去。

林枫是某大学外国语学院的学生会会长，一表人才，能言善辩，口才极佳。但他有一个特点，凡事争强好胜，常因为一些问题与别人争得面红耳赤，还非得争个输赢出来才肯罢休。总认为自己说的话有道理，别人说的话没道理。别人的看法和观点，常常被他驳得一无是处。大家讨论什么问题时，只要他在场，就会疾言厉色，一会儿反驳这个，一会儿又批评那个，好像只有他一个人是正确的，别人都不如他。就这样，他常常会把气氛弄得很紧张，最后大家只好不欢而散。

还有的人，十分热衷于突出自己，与他人交往时，总爱谈一些让自己感到荣耀的事情，而不在意对方的感受。40岁的A女士就是这样一个人，不论谁到她家去，椅子还没有坐热，她就把家里值得炫耀的事情一件一件地向你说，说话的表情还是一副十分得意的

样子。一位老同学的丈夫下岗了，经济上有点紧张，她知道了，非但没有安慰人家，反而对这位同学说："我家那口子每月工资 6000元，我们家花也花不完。"她丈夫给她买了一件漂亮的衣服，因为很值钱，她就跑到人家那里去炫耀："这是我丈夫在香港给我买的衣服，猜一猜多少钱？1800 元。"说完还很得意地看了别人一眼，意思是："怎么样，买不起吧。"

表现自己，虽然说是人的共同心理，但也要注意尺度与分寸。如果只是一味热衷于表现自己，轻视他人，对他人不屑一顾，这样很容易给人造成自吹自擂的不良印象。

一个人在与别人相处和交往的时候，要多注意别人的心理感受。只有抓住了别人的心理，才能真正赢得别人的赞赏与好感。如果你只知道表现自己，抢着出风头而不给别人表现的机会，你就会遭到别人的怨恨，使自己陷入尴尬境地。

把握好与朋友交注的尺度

"距离产生美"，这句话并不只适用于恋人，朋友之间也是如此。

朋友之间的关系作为人际关系的一种，可近可远，虽没有骨肉血脉的相连，但却有一种亲情无法替代的东西——物以类聚，人以群分，你身边的朋友都和你是同一类人或者和你有共同之处，让你有一种心灵互动的感觉。

但也有这样的时候——你认为你的好朋友对你了如指掌，有许多事不该对她有所隐瞒，然而从某一天开始她却突然疏远你，让你感到莫名其妙，或许有时你会替她做许多事，但她却不太领情……

朋友之间互相关心是毋庸置疑的，但每个人都有自己喜欢的生活方式，如果任何事都不分你我的话，是不是也会使友情陷入一种尴尬的境地呢？

君子之交淡如水。友情，不如爱情甜蜜，也没有亲情温馨，但是当你遇到挫折或者有难以言语的麻烦时，你可能无法和伴侣开口，更不愿增加亲人的牵挂，一个人苦闷不堪的时候，朋友伸过来的手往往是你口渴时最甘甜的"泉水"。

"君子之交淡如水"。朋友之间或许没有海枯石烂的誓言，也不用防备"朝三暮四"的变迁，更不必讲究嘘寒问暖的客套。当你失恋的时候或遇到不顺心的事情时，朋友就是那个半夜三更打车到你家中陪你度过漫长的夜晚，愿意做你的听众，却又不会让你感到内心不安的人。你可以抱着她哭到天亮，大声骂并发泄你的不满，她不会嘲笑你，也不会讽刺你，她会陪你伤心，陪你一起骂可恶的老板或者是那个可恶的男人。你的烦闷与苦恼尽可以向她和盘托出。你感激她的耐心，她感谢你的信任，然后互道珍重各自开始明天的生活。

现代都市中的人都如刺猬一般，小心翼翼地保留着自己的感情，朋友之间真诚最重要，敞开你的心扉，感受对方的温暖和关爱，多交几个好朋友，跟你一起分担所有的欢喜悲忧。有空的时候

搞个聚会，需要的时候打个招呼，朋友就是这么简单。

给彼此留下个人的空间。心理学家霍尔认为，人际交往中双方所保持的空间距离是人际关系的表现，研究发现，亲密关系（父母和子女、情人、夫妻间）的距离为 18 厘米，个人关系（朋友、熟人间）的距离一般为 1.5～4 厘米，社会关系（一般认识者之间）一般为 4～12 厘米，公共关系（陌生人、上下级之间）的距离为 12～25 厘米。

朋友往往因为在思想、情趣等方面的相通或互补而建立了比较亲密的友谊，我们在朋友面前，不用刻意地去隐瞒自己的恶习，但也不要坦诚地倾诉自己所有的缺点，记住：朋友只能介入我们生活的一部分，而非全部。

有的人把好朋友当成自己，认为好朋友之间就不能有秘密，其实，"无话不说"也要有个限度。

小美和小晴是特别要好的朋友，两个女孩同吃同住，好得就像一个人，彼此都了如指掌，处了什么朋友，公司发生什么事情，等等，由于她们太熟悉对方而不分你我，小美认为对方的秘密就是自己的事，有的时候就讲给别的女孩听。小晴知道了就很不高兴，两人就发生了争吵，小美觉得很委屈就搬了出去，在这种情况下，两个朋友的关系即使维持下去也有隔阂。

所以，就算是最好的朋友，也要适当保留一些你个人的秘密，不要公开你的私人生活来证明你对朋友的诚意，也不要把朋友的秘密到处宣扬。

朋友要志同道合，生活上能互相关心，私人生活上又相对独立，彼此不打扰对方喜欢的生活，那才是我们想要的友谊。

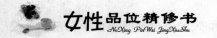

清楚男女之间交往应有底线

女性交往中的男人通常都是由同学或者客户发展成为朋友的，那么，男女之间是不是真的没有纯洁的友谊呢？

女性朋友在社交中经常能遇到对自己有好感的男性，置之不理吧，两个人还有业务往来，关系不应该闹得太僵。如何把握这个度才既不会伤害别人，也不会引起不必要的误会呢？

不少男士在和某个女性交往一段时间后就觉得"我们俩这么好，无话不说，我又时时刻刻关心爱护你，跟我谈恋爱应该是早晚的事"；可是女方却不会这么想，她们总觉得一旦两个人做了那种把"窗户纸给捅破的事"，今后就没有办法在工作或生活中再面对对方了，而且这种关系必定会伤及无辜。

应该说这种边缘的交往绝非医治心灵创伤的灵丹妙药、填补感情空虚的救命稻草、报答对方帮助的无价礼物。所以，男人切忌迈过这道门槛，女人则应该谨慎把握两性交往的分寸，不要给对方留下幻想的空间。因此，在社交活动中和男性交往要注意以下几个事项：

（1）不宜过分亲昵

过分亲昵不仅会使自己显得太轻佻、引起人们的反感，而且还容易造成不必要的误会，即使是已经确定关系的恋人最好也不要随意流露热情和过早地亲昵。

（2）不宜过分冷淡

因为冷淡会伤害男方的自尊心，也会使人觉得你高傲无礼、孤芳自赏。

（3）不必过分拘谨

在和男性的交往中，要该说就说，该笑就笑，需要握手就握手，需要并肩就并肩，忸怩作态反而使人生厌；反之，过分随便也不好，男女毕竟有别，有些话题只能在同性之间交谈，有些玩笑不宜在异性面前开，这都是要注意的。

（4）不要饶舌

故意卖弄自己见多识广而滔滔不绝地讲个不停，或在争辩中强词夺理不服输，都是不讨人喜欢的；当然，也不要太沉默，总是缄口不语，或只是"噢"、"啊"，哪怕你此时面带微笑，也容易使人扫兴。

（5）不可太严肃

太严肃叫人不敢接近、望而生畏，但也不可太轻薄。幽默感是讨人喜欢的，而故意出洋相，就适得其反了。

男女交往一定要掌握好分寸，这全靠你自己去细心体会与把握了！

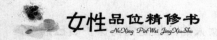

女人，首先要学会爱自己

也许你曾扪心自问，生活中是不是已经渐渐缺少了快乐，枯燥得已经只能用乏味来形容，那究竟是什么让生活变得像一潭死水？张小娴曾说："如果你真的没办法不去爱一个不爱你的人，那是因为你还不懂得爱自己。"

是啊，女人常常为了爱情付出一切，而往往忘了去为自己留下一点空间，女人一定要学会，在爱别人之前要先爱自己，学会尊重自己、欣赏自己。

每一个女人都是降落凡尘的精灵，身为女人的你应该学会爱自己，精心经营自己的美丽，关爱自己的健康，呵护自己的心灵，使自己无论何时何地，遇到何种事物都能够淡然从容。

女人是这世间最脆弱的动物，容易被伤害，特别是容易为情所困。往往会在失恋后一蹶不振，酿出一幕幕悲剧，在学校的会影响功课，工作的会耽误前程，闲暇时或许会风花雪月，或许会花天酒地、夜夜笙歌。总之，谁都无法预测女人歇斯底里时会发生什么。其实，为什么不学会爱自己呢？

爱自己有太多的理由，也有太多的方式，只可惜很多女性却没有意识到这一点。失恋的痛苦、生活的挫折和失败，早已让她们脆弱的心灵伤痕累累。

因此，要对着所有的女人大声疾呼：爱别人之前，要先学会爱自己，要学会在恶劣的状况下保护自己，让自己的生命更加精彩，而不是成为他人的附属品。

学会爱自己，才不会虐待自己，才不会刻薄自己，才不会强求自己做那些勉为其难的事情，才会按照自己的方式生活，走自己应该走的道路。才能在爱情到来的时候不迷失自己，才能在爱情离去的时候把握自己。

从呱呱坠地之初，女人就习惯了在外界的观照中看清自己，借镜子来观察自身的容貌，借别人的肯定或赞赏来认识自己的才华，渐渐生出依赖，离开别人的评价便找不到自己的位置。其实并不是这样的，动物从不需要同类给予肯定就可以生存下去，人作为高等动物，具有思想、意识，为什么就不能自我肯定呢？为什么就一定要从别人的眼光里寻找自身的价值呢？但是学会爱自己并不等于自我姑息、自我放纵，变得自私自利，而是要我们学会严于律己。

人的一生总有许多时候没有人督促我们、监督我们、叮咛我们、指导我们、告诫我们，即使是最深爱的父母和最真诚的朋友也不会永远伴随我们，我们拥有的关怀和爱抚都有随时失去的可能。这时候，我们必须学会为自己生存，才不会沉沦为一株随风的草。

女人爱自己，就是懂得人间处处充满爱的道理。

当一个人不会爱自己的时候，他是不幸的。失去了爱的能力，常常会想尽一切方法来掩盖、来弥补。总之，你的身上可能没有任何值得炫耀的地方，但是，别忘了，你就是你，你是独一无二的，你是上天的杰作。

《世说新语》里有这样一则小故事，桓公少时与殷侯齐名，有一天，桓公问殷侯："你哪一点比得上我？"殷侯思考了一下，很委婉地回答道："我与我周旋久，宁作我。"

是的，何必羡慕别人？我有自己的性格与生命经历，不论遭遇是好是坏，一切喜怒哀乐都是我在承受与体验。我的生命是独一无二的，怎么可以拿来与别人交换！

不要羡慕别人的美貌，不要希冀别人的头脑，不要模仿别人的身材，爱自己的出发点，就是勇敢地接纳并不完美的自己。眼睛小吗？没关系，眼小能聚光；身材矮吗？没关系，浓缩的都是精华……无论是哪里多一寸，或是少一寸，你都是上天的杰作，你没有理由轻视自己，你也是夜空中一颗耀眼的星星。

真正的生命强者是在与命运的激烈碰撞中，绽放出光芒并实现自我人生价值的人。就像饥渴的沙漠需要水，他们需要一切能证明自己存在的东西，需要别人的好言相向、需要金钱、需要房子、需要名声地位、需要表面的幸福。

但是不管怎样，世界从不会因为某个人而发生改变。不论我们是在幸福的时候，抑或不幸的时候都是一样充满着爱，空气、水、食物，这都是世界对我们的爱，万物的本质就是爱，也许你没有沉鱼落雁的美貌，也许你没有聪颖睿智的头脑，也许你没有魔鬼般的身姿……但一定要好好地生活。活给自己看，也活给爱自己的人看，更要活给那些瞧不起自己的人看。尽管免不了会经历这样或那样的挫折，可那也是上苍给予你的礼物，让你在成长中学会坚强。

女人总是想小鸟依人地生活在一个男人的身边，但有时却变成了菟丝花紧紧地依附在男人这棵"树"上，一旦失去了"树"，就再也不能独立生长。

其实，在寻找一棵大树之前，女人应该把自己先培养成一棵树，双木才成"林"，一人一木是"休"，不是被自己"休"，就是被男人"休"。

女人学会爱自己，要从今天开始，要从这一刻开始。人，不应该因牵挂未来而焦虑企盼，也不应该对往事反悔惋惜而不能自拔，要知道只有现在这一分、这一秒才是最重要的、最能确定的。未来总是会带来希望和失望，过去常常提醒自己的失误，要知道未来和过去都和我们想象的不同，只有现在才是我们可以把握的。

会思考的女人更有品位

有些男人认为女人的思维很简单。因为女人是一种美丽的动物，上帝创造了她们就是为了弥补这个世界的不足，弥补男人的粗犷和理智。然而事实上，社会上确实存在着这样一类做事会思考的女人——她们智商通常比较高，她们拒绝盲目，做每一件事都要从头到尾理出一个头绪来。她们不仅会考虑自己还会考虑别人，面面俱到，她们给这个世界上的女人们争足了曾经失去的面子。

作为女人来说，你可以不写诗、不绘画、不学习、不看电视。但你不能不看书、不思考。看书思考可以使女人在一无所有的时候还有精神，可以在你生活乏味、缺少期望的时候充满激情。

其实女人都是感性的尤物，她们思考问题很少用逻辑判断，通常都凭感觉，然而你千万不要怀疑女人的感觉，她甚至比男人的证据判断更准确，这就是女人的思考特点。

很多成功男人的老婆其实都不算漂亮，但是思考弥补了她们的不足，成为男人的贤内助，让她们的美丽不会因为年龄的流逝而消失，反而会升值。让男人不会因为容颜的衰老而冷落了她们，因为她们的智慧已经为自己赢得了终生的爱情。

会思考的女人是一个成熟的女人，对待任何事物都能很理智。聪明的女人会让自己学会思考，会在让自己受伤的爱情开始之前就微笑着转身离去；聪明的女人善于思考，不会让自己爱上错误的男人。而感性的女人有时却不会思考，任凭自己陷入错误的爱情，承受那本不该有的痛苦，但这是必需的过程，伤过心、流过泪之后，她们就会慢慢学会思考，懂得理智地面对问题了。

那些心智不成熟的女人也不懂得思考的重要性，她们的思想仍停留在纯真的孩童阶段，但是你不能说她们就是不幸福的，有时候，傻女人更容易满足，更容易得到幸福。她们没有太多的负担去做事，完全随着自己的性子，勇于去冒险，她们可能受伤，也可能得到别人永远不可能得到的东西，无论什么样的结局对她们而言都是宝贵的经历。只有受过伤，她们才会变得坚强，才会学着思考，才会成熟和长大。

会思考的女人通常都是有过经历的女人，不要认为她们没有疯狂过，那不过是暴风雨后的平静；会思考的女人，内心总有一种不安分的因子，这种因子让男人既爱又怕，但却因此而更欣赏她们。

思考，能为女人赢得机会；思考，能为女人赢得幸福；思考，更能为女人赢得成功。思考的女人永远不会陷入被动的泥潭中，她们无论对人对事，都会经过自己的分析，你的游说丝毫影响不了她

们的决定，因此她们是快乐的。

聪明本来就是用来装傻的——思考该思考的，切莫庸人自扰。女人不能大事小情都去慎重地思考，那样会陷入思考的深渊而变得很辛苦。其实有时候人，尤其是女人，糊涂一点也未尝不是一件好事，只要心里明白就可以了，有些事不必要太较真。

任何场合，都应保持涵养

女人一定要有涵养，就像男人一定要有宽广的胸怀一样。在这一点上，职场女人由于受到了工作和人际关系所限，通常都做得很好。

有涵养的女人由内而外都散发着一种高贵、优雅的气质，不论在什么场合都不会由着自己的性子来，好的涵养可以让她们克制自己的不满，冷静下来理智地解决问题，而不是甩门而去，冲动之下失去本该拥有的机会。涵养是所有女人美丽的底色，居家女人也不例外。

小雅是公司的财务总监，聪明漂亮，老公自己经营着一家公司，两人是大学同学，十分恩爱，绝对的事业爱情双丰收。

一次，她和同事逛商场时，发现自己的老公搂着一个和自己女儿差不多年纪的小女孩谈笑风生。小雅当时很没面子，真想冲上去给老公和那个不要脸的女孩两个耳光。

老公看到她也愣了。然而小雅却平静了一下，走到老公面前，说："嗨，逛街呢，继续！"说完优雅地走了过去。事后才知道原来那是老公同学的女儿，出国不在家托他照顾。小雅庆幸自己当时没有冲动，老公也开玩笑地说："小样儿，看不出来挺镇静呀，不过谢谢你！没有让人家见识到你这位'醋劲十足'的阿姨的厉害！"

作为女人，不要总指望自己的每次付出都能够得到回报。生活中充满着诸多的无奈，有些目标并非努力了就能达到。偶尔给自己找个借口，给自己一点宽容，学会用理智控制情绪。理智给女人带来的是智慧，智慧让女人把握住了自己。如果女人能够拥有深厚的涵养、非凡的气度，就能在今后的生活中得到更大的回报。

什么是涵养？涵养就是控制情绪的能力，而并非软弱。所谓软弱是指无条件的屈服，涵养是指有原则的谦让，指身心方面的修养功夫。相信很多女人会经常陪着你的他参加会议、聚会，在社交场合如果你能给他争来极大的面子，那么相信你的他会更加在乎你、更加欣赏你的。

在参与社交活动时，必须注意仪表的端庄整洁，适当的修饰与打扮是应该的。女人外表固然很重要，但女人真正的魅力要靠自己透出的一种让人信服的内在气质来体现，这就是内涵。女人味是女人至尊无上的风韵——一个女人长得不漂亮不是自己的错，但没有内涵就是自己的问题了。

女人如何让自己在任何场合都保持着一种优雅的涵养呢？

（1）多读书

书，使女人的生活充满光彩，使女人有正确的思想；书，能净化女人的灵魂。因此，读书的女人看起来都是很有修养的，那种内

涵可以持续一生。

（2）练就大的肚量

就算生气了也要扬扬嘴角，斤斤计较的话别说是涵养，连教养都会丢掉。

（3）不要穿得花枝招展

在选择服装时，应该精心地挑选，慎重地对待，要根据自己的年龄、身材、职业特征去合理地搭配，这样才会给人以耳目一新的感觉。有品位的服装也会时刻提醒你注意自己的身份和仪表，不管遇到什么突发状况，都能保持冷静。

女人，不能因为性别的优势就得寸进尺，那样反而会让你失去别人的尊敬，随时保持应有的涵养，才能让你周围的一切尽在掌握中。

不要和别人动手，尤其是男人

女人有时比较容易冲动，情绪激动时难免会做出什么出格的事情来，但是要记住一点，不要和别人动手，尤其是男人。

"动手"在人们的记忆中似乎总是男人才会干的事情，然而女人"动手"也并不罕见，不过总给人一种很野蛮的感觉。

值得女性朋友谨记的是：女性之间的"动手"尚无大碍，毕竟"杀伤力"不大。切忌和男人动手，因为，一是打不过，二是和女人动手的男人一定是个疯子，所以，不如不动。

同时，对于女性自身而言"动手"对自身的影响很大，动手会让女性温柔的淑女形象尽毁——粗鲁、没有涵养的性格将在大家面前暴露无遗。

女人，向来是美丽和优雅的代名词。因此，当女人和别人发生冲突时，要学会适当调节自己的心态和情绪。动手的女人只会让人对你产生反感，即便你受到了伤害，也不会博得多少同情的。

当女人心情浮躁的时候，不妨叫来自己的死党安慰你一下。或者外出旅旅游，喝喝下午茶，阅读一本自己喜欢的书籍，听听动听的音乐都能让你的心情变得舒畅。

当女人面对对手时应该从容镇定，而不是暴跳如雷，你的冷静会让对方心里没底，甚至怀疑自己的行为。

当女人被男人抛弃的时候，也要优雅地对男人说："出去的时候请把门带上。"而不是破口大骂："滚！"然后，整个人披头散发地扑上去，连扯带喊，那样非常有失风范，既然他不再爱你，也请给自己留一点自尊，否则他将更加看不起你。更不要试图和他动手，因为他已经不再爱你了，他根本不介意你的感受和疼痛，别让自己再次受到身体上的伤害。

"君子动口不动手"，淑女更要做到这点，即便是愤怒到了极点，也不要学人大打出手，否则就既不是君子又不是淑女了！

对你不情愿做的事情大声说"不"

女人，爱自己是最重要的。对你不情愿做的事情大声说"不"。比如酒席上，轮到你喝酒，而你不善饮，大可以茶代酒，而不要含恨饮醉。

女人凡事都要有自己的思想和主见，在这一点上职业女性要做得稍微好一点，但是因为工作的关系，她们难免会碰到一些自己不情愿而又不得不去做的事情，譬如陪客户喝酒、唱歌，等等，因为复杂的人际关系，很多女人选择了忍耐，然而如果你真的不喜欢这样，大可以用拒绝来维护女性的尊严。要知道，正派的客户谈生意是不需要你这样牺牲的，你出卖的是能力而不是色相。

小艾是刚分配到公司的员工，属于广告创意部。刚上班一个星期，老板就让她出去陪一个客户唱歌，并声明陪同的还有几个人，都是正常的生意关系。小艾很不情愿，但还是去了，因为她不想失去这份高薪的工作。

3个40岁左右的男人在包房里叫了几个年轻漂亮的女孩一起唱歌、跳舞、喝酒，小艾看着这些和自己父亲年龄相仿的男人，心里一阵反感，但又不得不赔笑应付。还好那天客户只顾着高兴，没对她有什么过分的举动，否则她真不知道该如何应付才是。

企划案是通过了，可是小艾怎么也高兴不起来，而且她发现同事看自己的眼光也不一样了，鄙视中夹杂着些许的忌妒。而且有了第一次，就很难拒绝老板的第二次任务，小艾实在是进退两难。

女人，不喜欢的事情就不要去做，毕竟委屈的是自己。

在平常生活中也是一样，同事约你逛街、吃饭，如果你很累不想去，就一定要告诉她，不要以为平时关系很好怕她不理解。要知道，越是真正的朋友越应该关心你、体谅你。大声说"不"，在你不愿意的时候，千万不要做自己不喜欢的事情。记得：女人在什么时候都不要勉强自己。

当然，这不仅局限在工作中，对于恋爱期间的女人更有意义：千万不要为了满足男友的要求而献出某些最宝贵的东西。要知道，真正爱你的男人是不会勉强你的，更不会以此作为他不爱你的理由。保持自己的尊严，那样他才会更珍惜你。聪明的女人懂得如何拒绝，包括拒绝各种各样的诱惑。不懂得拒绝的女孩做事情很少有自己的底线和要求，当你的默认成为一种习惯，就很难再从理智中脱身。如何说出"不要"，是一门学问。

如果你不愿意，没有人可以强迫你。大声说"不"，为了自己。

会哭的女人更可爱

有人说女人不美没关系，女人要不会哭就太不可爱了。因为女人是水做的，哪个男人会对水汪汪的女人不动心呢？

爱哭是女人的天性，有人说会哭的女人会演戏。要知道，一个幸福的女人，温柔贤惠是她们应该具备的，然而一味坚强的女性会让男人觉得自己失去了用处，所以忽略了对她们的呵护和爱怜。眼泪是女人的饰品，像钻石一样不可缺少，它能为女人带来男人的疼惜和想拥入怀中安抚的冲动。

哭，对女人来说是益处多多的，哭可以排出体内的毒素，不仅有美容的功效，还能缓解人的压力和疼痛，像小孩子跌倒了哭泣也能减轻他的疼痛。你也会看到恋爱中的男女，女孩哭得梨花带雨，惹人心疼，男孩千方百计地哄，又是讲笑话又是做鬼脸、说甜言蜜语，直到女孩破涕为笑，两人甜蜜地相拥而去。

有很多女人发现自己走入社会几年或者做了妈妈以后，可能坚强久了，发现自己竟不会哭了。女人不会哭实在有点可惜，但是一定要善于运用自己的眼泪，如果你因一点小事就如林妹妹般泪如雨下，那你的眼泪慢慢在别人的眼里就不值钱了，因为眼泪若想值钱，就要用对地点、用对时间，在没有必要的时候一定要"惜泪如金"才行。

　　女人的哭也是有技巧的，不是咧嘴大哭，鼻涕一把泪一把，弄得像个大花脸，让人看着好笑，而是要哭得让人心疼，认识到自己的错误。无论在爱情上还是事业上，哭都是女人的必杀技。

　　曾经有这样一个女主管，她负责向法国一家公司销售建筑材料，精明能干的她列好了计划和报价，每次谈判都和对方达成了比较满意的协议，还为了这个项目加班加点，但是到最后签约的时候，法国代表突然提出要降30%的价格。

　　这个女主管十分气愤，想到几个月的努力将要化为乌有时，她突然哭了起来："你们太过分了吧，我们什么都按你们的要求来做，还要降价30%，欺人太甚了。"

　　法方代表被女主管的眼泪弄得愣在了那里，最终同意以原价买下所有的材料。法国代表说，那时我突然觉得这个女人很不容易，她的眼泪让我觉得很内疚。

　　看！女人除了能力原来还有更好的武器。聪明的女人往往会把"哭"这招用到极致，在男权占上风的社会里依然战无不胜。

　　不同年龄段的女人也有不同的哭法。成功的女性可能大多数都一个人在家默默地哭。第二天又是精明干练的女强人，因此很少有人看到她们的眼泪，如果她们当着别人的面哭一次，效果肯定不同凡响；居家女人通常是边哭边骂，让丈夫和邻居都不得安宁，久而久之就让大家感到厌烦了；年轻的女孩哭起来没有声音，长长的睫毛忽闪忽闪，让人忍不住想拥入怀中安慰她，再大的过错也原谅了。

　　小敏因为工作强度大，一个人担任几个人的工作，几次提出加薪，但老板迟迟没有动静。

她又一次走进老板办公室，诉说自己加班、为公司作了多少贡献，甚至现在因为老公经常见不到她而使两人感情都发生了矛盾，儿子的成绩也一落千丈，说到动情处小敏眼圈一红，泪水再也忍不住了。

老板心软了，也不再那么坚持，安慰了她几句，月末的时候工资果然涨了。

女人，本身就是弱势群体，适当发挥你的柔弱一面，事业、爱情都能让你如愿的！但是哭的招数只适合偶尔用，频繁地用就会让人觉得烦，眼泪也就不再值钱了。

女人不应太"坚强"

伴随着女人独立自主意识的加强，当今社会涌现出越来越多的女强人。她们掌握话语权，咄咄逼人的强势让许多男性自愧不如。

"女强人"到底是一个褒义词还是贬义词，至今还没有定论，但可以肯定的是，大多数男人都会对她们退避三舍的。

女强人取得事业成功的每一点成绩，似乎都是以放弃生活中的另一部分为代价的。事实有时也的确如此，女强人的离婚率要比普通女人高得多！

当今社会呼唤男女平等，许多女人都走进大学的校门，把自己造就成了新时代的知识女性，当代知识女性对自身价值的定位在不断地改变。

十年苦读，我们现代女性所换回的知识和文凭，其价值不会只算是商品化潮流中的一种特殊产物，青年女性努力挤进高等教育的窄门，目标也不只是成为贤妻良母。成为一个女强人，要比男人强，至少要和男人平起平坐，这是大多知识女性的强烈愿望。在这种思维模式下，女强人们注定要经历一场深刻的精神危机和婚姻的磨难。一方面，她们像男人那样，在激烈的竞争中，于工作和事业中寻找保障，地位、权力和满足；同时，她们又试图抓住女人们在家庭、孩子中寻找到的那种满足。不仅仅要加倍工作，还必须事业上有所作为、私人生活也称心如意。不仅仅是愿意而且是必须在生活的方方面面都十全十美。

然而，这么高的要求是现代女人所承受不了的。中国的历史上，我们常常看到很多女强人当事业处于无限风光时，个人生活却是孤零零的。

表现在宫廷斗争中，就是饱尝了丧夫之痛的女人为了保住自己那点可怜的权益，而不被身边其他男人侵犯，只好心狠手辣不择手段地做起了女强人，如汉代的吕雉、辽国的萧太后、清末的慈禧；表现在民族大义上，丈夫都战死疆场为国捐躯了，咱就来个"穆桂英挂帅"、"十二寡妇征西"。

鉴于"女强人"们的刚强与果断，有时会让男人们找不到任何雄性的威严，他们自然心里会感到失衡，而女人们倘若要是表现得柔弱一些，不是那么的要强，相信没有任何一个男人不疼爱的。

女人何必太多情

　　女人是一种情感动物，女人在情感方面的投入有时要比男人大得多。"问世间情为何物，直教人生死相许"。在相当多的女人的心目中，感情就是她们生命的主旋律，所以一旦遇到情变，女人的损失也就更为惨烈。

　　女人总是对甜言蜜语缺乏免疫力，她们有可能听完男人对她们的一番赞美或一阵抒情后，便热烈地投入男人的怀抱。也就是说，女人通常不会因为"理"字而吃亏，却容易因为"情"字而上当。

　　这是因为女人的精神需求的表现之一便是渴望赞美，并常因为赞美而感到满足。平日里一句体贴或赞美的话，会使一个劳累不堪的女人感到快乐。女人常常看不到自己重复劳动的成效，而只看到被消磨掉的青春，她们极易悲观，而赞美恰恰是抑制悲观的良药。经常真诚地赞美女人，会造出一个全新的女人——忘记疲劳、忘记烦恼、乐观爽朗、对生活充满信心的女人。

　　在享受和感受爱情方面，女人比男人更敏感、更细腻，比男人更注重内心体验，更看重精神需求。

　　女人有时容易成为情感的奴隶。她们似乎太珍爱男人和娇惯男人了，她们无时无刻不在为男人着想，而男人呢，却很少为女人着想。有不少妻子抱怨说，她们常常下班后急急忙忙买菜做饭，然后一盘一盘端上桌来，希望全家围坐在一起吃顿温馨的家宴，却不一定能见到丈夫准时回家。等到很晚了，她们叹口气，刚刚收拾干净，男人却回来了，且无半点歉意，只说还没吃饭，妻子只好再去热饭热菜。女人的温柔就这么一点点消耗在这无尽的等待中。男人以为妻子所做的全是分内之事，却很少想过女人的生命也一样宝贵。女人的智力和能力都不比男人逊色，如果她们不把情感当作生活的支柱，把对情爱的执著、专注、热情和耐力通通投入到事业中去，谁说她们不能拥有一个精彩的人生呢？

作为一个现代女人，你应该知道情感并不是生活的全部，女人除了家庭，还应该拥有自己的事业。你不一定要做女强人，但至少不能做一株只会依附爱情生存的菟丝花！

告别"假面女人"

人生最大的幸福就是能做自己喜欢做的事，过自己喜欢过的生活，然而这个愿望实在太奢侈了！真的，你想一想有多少女人明明是喜爱吃路边摊时那种自由自在的快乐，现在却不得不穿上套装故作优雅地坐在西餐厅里一口一口地"品尝"还带着血丝的牛排？有多少女人明明是热情洒脱的"男人婆"，却不得不在人前做出一副温柔可爱小女人的样子？……很多女人都习惯了这种戴着面具的生活，但在午夜梦回时或在某个沉寂的午后，她们不得不承认自己活

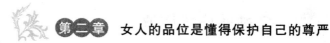

得空虚而疲累，这并不是她们想要的样子。

作为一名职业女性，在人际交往中，我们总希望能给别人留下良好的印象，使别人喜欢自己、信任自己。要做到这一点，我们常常要改变一下自己的行为举止、言谈习惯、兴趣爱好等，以便适应社交的需要，使对方对自己产生好感。然而，这种自觉的自我改变并不意味着要使你变成另外一个人，变成一个模仿或迎合别人口味的"演员"，甚至故意掩饰自己的真情实感，或把自己的本来面目掩盖起来，完全放弃自我的内在气质，让自己在社交场上如戴着假面具。其实，这种做法并不可取，它不仅使你失去了自己的本来面目，而且一旦别人识破你的做法后，会适得其反。有的人强迫自己走在人群中要昂首阔步、气势逼人，在跟别人握手时过分用力，跟别人谈话时要死死盯住对方，为了表示自己有幽默感而夸张地哈哈大笑……如果你真的这样故作姿态的话，那就会产生滑稽感，让别人觉得讨厌，甚至连自己也感到别扭。

其实，最好的办法是保持你原有的个性和特质，塑造一个真我，内在的气质是最宝贵的。一个真正懂得与他人相处的人，绝不会因场合或对象的变化而放弃自己的内在特质，盲目地迎合、随从别人。你要作为你自己出现，不是作为别的什么。我们时常发现一些人，他们总觉得自己本来的面目不如别人，于是随着环境、对象的变化而不断改换自己，结果把自己弄得面目全非。保持一个真实的自我并不等于要使自己与别人格格不入或标新立异，甚至明明知道自己错了或具有某种不良习惯而固执不改，保持真我，是保持自己区别于他人的独特、健康的个性。那些具有个性的人，也许具备一定的魅力。他们无论在何种情况下，都会保持一个真实的自我，会恰到好处地表现自己独有的一切，包括声调、手势、语言，等等。

"清水出芙蓉，天然去雕饰"。天然的东西才是最珍贵的。在他人面前展现一个真实的自我吧，不必为讨好他人而刻意改变自己，尽力成就真实的自我，用你的坦诚赢得他人的坦诚。

距离产生美

保持适当的距离，真诚地提出自己的意见，彼此会更加欣赏，情谊会更加长久。一定不要跟人太亲热，距离可以产生美，只要能稍加留意，就很容易发现此类的现象：某两个人以前亲密无间，不分彼此。可是，没过多久却翻脸为敌，不仅互不来往，还反目成仇。何以至此？原因就是太过亲热了！

最亲密的友谊和最强烈的憎恨，都是过于亲近的缘故。因此，在人际交往过程中，还需要注意与人保持适当的距离。

人际关系太过亲密，会让人觉得很随便，或认为你缺乏独立生活的能力，凡事都要让别人替你思考，都要与人商量。随后，他们就会认为你是"应声虫"，没有独立的人格与尊严。人际关系太过疏远，又会让人感觉到你的傲慢、离群。有些人还会认为你瞧不起人，不喜欢与他们相处，甚至讨厌他们。

人与人之间由于亲疏远近的不同，在进行交谈时会产生不同的

效果，这里面包含的距离和角度问题也是我们应多加注意的。

生活中的距离还与语言的内容有关，初次见面的人谈话不要过于个性化，最好渗透些文化气息。

有位作家曾谈到这样一段经历："一位优秀的中年企业家请我吃饭，他同时还邀请了几位著名的学者政要。没想到宴席间行云流水般的话题终于拐到了读书上，在场的每一位客人都有很好的文化感觉，仅仅是几句询问和附和，大家的心就在很高的层面上连成了一体。"因此，这位作家感叹："这座城市在杯盘夜色间居然能如此高雅，我从此对这位企业家刮目相看。"

一次充满了文化气息的聚会，令人回味无穷。文明、文雅、高品位的聚会总会产生令人难忘的效果，因为文化渗透在我们的生活之中且为我们所喜闻乐见，激活生活中的文化沉淀或增加交际中的文化气息，会让交际得到双倍的报偿。

知心朋友在一块儿聆听他人说话，殊不知，这也要讲求距离与角度。一般来说，最好的女性听众是善解人意、理解和体贴谈话者的处境和苦楚的，男性可以在她们面前畅所欲言。异性之间倾吐的效果明显，美国心理学家的一项研究表明，所有的人都可以在与异性朋友的互吐衷肠中，解除内心抑郁。因此，内心的苦闷最好在异性之间相互倾吐中得到解决，与同性之间需要保持距离的事，在异性之间可能完全能够展开。心理学家道格拉斯博士针对人际关系中的亲密与疏远的程度做了一项调查，得出了一个结论：男性之间一般都比较疏远；女性之间喜欢保持亲密关系；异性之间，若有爱慕之意则关系密切，否则一般较为疏远。性格孤僻的人，多与人保持疏远的关系；性格外向的人多与人保持亲密关系。再从社会地位来看，地位高的人之间关系较为疏远；地位低的人之间关系则较为亲密。

一位著名的商界人士谈到这个问题时说，他现在，对于关系较好的朋友，已经不存在亲密与疏远，无论哪种情况，双方都可以理解。

人与人之间，只有保持适当的距离，才会有适当的人际关系，我们在人际交往中，也应时刻注意这个问题。

西方有一种"刺猬理论"对它可作解释。"刺猬理论"说：刺猬浑身长满针状的刺，天一冷，它们就会彼此靠拢，凑在一块儿。但仔细观察后发现它们之间却始终保持着一定的距离，原来，距离太近，它们身上的刺就会刺伤对方；距离太远，它们又会感到寒冷。只有若即若离，保持适当的距离，才可以既保持理想的温度，又不伤害对方。

"刺猬理论"就是指：人与人之间距离假若太近了，就会刺伤对方。一般情况下，人与人密切相处当然不是一件坏事，否则怎么会有"亲密的战友"、"亲密的伙伴"、"如胶似漆的伴侣"等誉词呢？但是任何一件事情都不能过分，过分就会走向极端。俗话说，"过俭则吝，过让则卑"，就是这个道理。在现实生活中，这种"亲则疏"的现象是比较普遍的，这大概也可算作一条交际规律。因此，朋友之间不能过于亲密，上级下级之间不能太过亲密，否则就会造成彼此之间的伤害。

"刺猬理论"告诉我们：人与人之间的距离假如太远了，就会感觉到寒冷。人际交往过密不好，那么是否意味着越远越好呢？当然不是。不过目前却有这样一些人，他们自命清高、目中无人，这

个也瞧不起，那个也看不上，自以为看破了红尘，与任何人都不来往；有些人十分消极地觉得世间险恶，交际很虚伪，寻求一种世外桃源的生活来隔绝人世尘缘，不愿与外界接触。假如这样，在生活中自己一定会感觉到孤独，更会留下终生的遗憾。

在人们日常交往过程中，交际双方表现出过分的亲密或纠缠不清，有时也会让人感到很不自在。在这样的情况下，善于为自己留下后路的人，往往会采取回避的方法，获得独到的功效。

你跟别人争吵时，"回避"就能够免去不必要的情感伤害。我们周围有一部分人生性就好强，对待这样的人，我们可以不和他针锋相对，适当地"回避"一定可以使他有所清醒。如果你被别人误解时，"回避"更可以显示出你的宽容。

在工作和生活中被别人误会的事经常发生。心胸狭窄的人往往会把别人的无意看成故意，甚至把好心也视为恶意。作为被误会的一方，大可不必当面斥责人家"狗咬吕洞宾，不识好人心"，也不必"破罐子破摔"，马上同人家"断交"，不如先把理挑明了，然后再暂时"回避"一下，过后再看一看对方是什么反应。假如说他认识到了错误，你再跟他"恢复关系"，经过小波折得到的友谊，一定会比从前更坚定。

"刺猬理论"里面的相处适度的原则道出了待人处世的真谛，假如想要达到上面所说的境界，一定要做到以下四个原则：一是"不卑不亢"做人；二是"不歪不斜"立身；三是"不偏不倚"办事；四是"不亲不疏"交友。当然，不要与人太亲热和"回避"，绝不是要人们在待人处世中退而远之，避而躲之。当你走路遇到一个壕沟不能过去时，后退几步，稍稍用力，定能一跃而过。待人处世中的"待人匆知心",也就是这样一个意思。

　　保持人与人之间的距离,是一种交际艺术。而我们当中的很多女人都会认为只要不是陌生人,就可以保持一种较为亲近的关系;还有一些人认为,人与人之间还是疏远一些较为妥当,而这些,都不是最佳的相处方法。所以,人与人之间的相处,彼此需要一些空间,有时太亲近,不小心就会失了分寸,造成彼此的紧张和伤害。如果有了好朋友,与其太接近而彼此伤害,不如保持距离,以免碰撞。能保持距离就会产生礼让,尊重对方。因此,为了友谊,为了人生,不要怕孤单寂寞,女人要在人际交往中与朋友保持一定的距离,避免因过分地亲密,而失去朋友。

第二章 >>>

Nü Xing Pin Wei
Jing Xiu Shu

女人的品位是能够不断完善自己的个性

女人要跟上时代的发展，就必须不断完善自己。要学时代的新东西、新理念，要学会跟上时代的步伐，新时代的女性是充满魅力的。要知道，没有人不喜欢不求上进的女人！

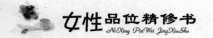

淡定温婉是岁月积淀的精华

女人成年以后，应该是满怀自信的，因为她们刚刚获得了岁月最宝贵的礼物：处变不惊的从容淡定和温婉优雅的女性之美。

人们常会惊讶于女人的从容沉稳，其实这份从容正是来自岁月的恩赐。到了一些年岁后，女人开始懂得许多事情常人无法预料，更无法强求；也许，很多的悲欢离合使我们无所适从，更无法面对。但是，只要保持一份从容，一份坦然，那么，人生一世，无论平凡与显贵，都会如小溪流水般自然、清澈、宁静，生活自然也就不会有所遗憾了。

"忧也一天，喜也一天"，何不选择一份轻松随意的心情来度过呢？时间是宝贵的，谁也不忍心浪费，所以学会坦然从容地面对一切，会有更多意想不到的收获。

有时候从容就是在不经意间的挥洒。当一个人在逆境中奋起时，这是一种从容；当一个人微笑面对失意时，这也是一种从容；当一个人在灾难面前凛然自若时，这还是一种从容；当一个人面对荣辱而仍是一副坦然的神情时，这更是一种从容；当一个人面对世间的功名利禄而仍然保持淡定，拥有不迫的心境时，这更是不折不扣的从容……

从容是一种大家的风范，也是一种海阔的气度，更是一种自然而然的成熟。

走过半生的女人，无论面对怎样的生活境况，无论生活带来的是欢乐还是忧愁，她们都会有一份从容的心态，有一份淡泊的心情。她们成功时，不再沾沾自喜，反而会更加欣赏自己的努力；她们失败时，也不再垂头丧气，反而会从中获得经验和教训，继续努力；她们给予时，也不再因自己一点小小付出斤斤计较，反而会放宽心情，收获快乐和幸福；她们宽容时，也不再因自己的"不小心"后悔错失了美丽，反而会为自己的博大而自豪……

女人的另一个财富就是形于外的温婉优雅，生活中只有有了一定阅历的女人才能称得上是一个真正优雅的女人。她们经历了生活中的大彻大悟后，变得有自信，变得积极乐观、满足安详、从容镇定，变得谦逊善良……总之，她们给人的感觉就是由心灵深处自然萌生的一种亲切和温暖，让人愉悦却不留痕迹。

她们是一首耐读的诗，在寻常的平平仄仄中创作出崭新意境；是一首经典的歌，在舒缓悠扬的旋律中演奏出动人的乐章；是一幅深秋的画，让人有种"可远观而不可亵玩焉"的感觉；更是一种完美的生活态度，内敛而不张扬，端庄而不做作，让人心生敬意。

她们有了时间的酝酿，岁月赋予了她们充实的内涵和丰富的文化底蕴，所以她们的着装永远都是不张扬而富有格调的，那感觉就像静静地聆听苏格兰风笛，清清远远而又沁人心脾。她们的爱又总是那样无私和博大，她们懂得怎样爱老人、爱孩子、爱朋友、爱同事、爱自己，更知道如何去爱一个男人。她们明白，男人最需要爱的滋润，她们爱男人的方式有多种：有时是理解，有时是关怀；有时是温柔，有时是刁蛮；有时是平淡，有时是波澜；有时是火的热烈，有时是水的柔情。男人会从她们的心里看见明媚的阳光，看见清澈的小溪，看见明天的希望，所有的男人都不会拒绝这样一种女性的魅力吧。

上天是公平的，他虽然带走了女人的美丽，却给女人留下了从容的气韵与温婉的风姿，人生有此境界，夫复何求。

气质与风情，一定不可缺少的法宝

女人，由于外形与性别的优势，具有一种天生的气质。曾有一位哲人说："女人是由男人的肋骨做成的。"贾宝玉说：女人是水做的骨肉，我见了女人便清爽……所以从某种意义上讲，女人是美的。而美的女人如果再进行一些外形上的装扮与内在素质上的提高，要获取一种高贵的气质美是易如反掌的。

一个女人一旦拥有了不凡的气质，她将终生受益。因为，气质是永不言败的。

气质是集一个人的内在精神而释放出来的高品格的影响力。犹如一颗夜明珠，给人的不仅是惊喜，还有耳目一新的感觉；犹如一缕暗香，让人不知不觉沉醉；犹如一道惊雷，让人清醒。

气质是一种修炼到超越自我的境界。这种境界，让人脱俗，使一个普通的人变得高雅，胸怀坦荡，行为超凡入圣。因此，一个有气质的女人，面对不同程度的困境，她不会胆怯。有时气质还可以帮助她扭转逆境的局面，取得意想不到的胜利。

一个优秀的女人，除了美貌，还要有气质，否则就要沦为花瓶。

一个女人如果全靠美容品和各种化妆品构成，生命必定是空虚的。而内在的气质美却可以延缓衰老并使人年轻，可以在他人心灵上留下印记和引起震荡。

因此，女人要寻找属于自己的气质，要在精神上树立独立的自我，通过对自己的"文化美容"，找回真实的自我。

真正的女性气质的前提是要有崇高的生活理想。女性的命运不应决定于男性，而应取决于她自己的努力，她的气质以及她的才能发挥的程度。女性本人越重视自己的天资、才能、与男子的精神心理交往的能力，她的美和女性气质就越灿烂夺目。如此优秀的女人，还会怕男人喜新厌旧吗？

女人的气质会让女人拥有一片属于自己的"精神家园"，占有属于自己的心灵空间。即使遇上再多的不幸，也不至于造成太多的失望、太多的茫然……

气质女人懂得如何刚柔并济，有时如一盆火、一块冰，有时似一杯茶、一盏纯酿。她们是男人得意忘形时的清醒剂、颓废沮丧时的启动器。气质女人时而温柔、时而刚强、时而浪漫、时而平实、时而文静、时而活泼。丰富的内涵给人以新奇，宽容的胸襟使人敬慕。她们是维系家庭的磁石，是工作中的最佳拍档。气质女人是放风筝时用的线轮，风筝飞得再高也要有线牵引。

女人的气质是女人最真实、最恒久的美。再美的女人，如果没有气质，也只是一个花瓶而已，相反，天生并不美的女人，即使没有华丽的服装，一旦拥有健康的翅膀，也会立刻神采飞扬，展翅高飞了。外表的美是短暂而肤浅的，如同天上的流星，转瞬即逝，而气质，却像一缕暗香，渗透于女人的骨髓与生命之中，让她们在面对岁月的无情流逝时，拥有一份从容和淡泊。

而风情，亦是一种让人赏心悦目的独有气质，是一种成熟的极致美。

裙裾轻飘，袅袅浅行，盈盈水眸，回首一笑，这些都能在不知不觉间扣紧他人的心弦，让他人如饮甘露，这就是女人的风情。

除了眼神里的风情，女人在形体语言、身体曲线、音容笑貌、服饰妆容、衣鬓流香之间，也会风情摇曳。她们身上的每一处细节、一招一式都可以风情十足。风情是非常女性化的一种成分，它无形无色，像丘陵的微风，你感觉不到它的存在，却看得见满坡枝叶的摇动，这股风来自于内心。

真正的风情，不在于卖弄，而在于自然地流露。风情在于女人对自身恰当的把握，敛与放的分寸至关重要。如果你过于收敛风情，也许你就显得端庄典雅有余，但韵味风情不足；如果你过于张扬放肆，你就失之于轻佻妩媚。

风情万种的女人，不会随着时间的流逝而慢慢凋零。她们是人生四季里的长盛花，鲜艳却不张扬地盛开着。

　　风情万种不是美女的专利，风情是一个人对精致的追求，是一种生活的态度。女人，岁月在掠夺她们青春的同时，给了她们风情的馈赠。她们如一道不张扬的优美风景，给人惊喜之余回味无穷。

　　女人的外表展现着自身形象，也是体现气质与风情的一个重要方面。因此，中年的女人们，我们不能再用 20 岁的天真可爱伪装自己，我们要用适合我们年龄的东西好好装扮自己。可能我们衣着平常，稍不注意就会从别人眼前飘然而过，但如果别人稍加注目，我们身上一些看似不经意的东西却会让别人细细品味良久，甚至成为别人竞相模仿学习的目标。

　　人说闻"香"识女人，其实看"衣"同样可以识女人。20 岁的女人像件夹克衫，轻松而又自在，一件舒适的夹克搭配一条随随便便的牛仔裤，青春就这样肆无忌惮地张狂着。中年的女人则像一条雪纺的长裙，不经意的摇曳间流露出万种风情。这时，女人开始懂得时尚的真谛，开始懂得自己作为女性的价值。

　　女人会创造自己的风格。融合了个人的气质、涵养、风格的穿着会体现出个性，而个性是最高境界的穿衣之道。一个人不能妄谈拥有自己的一套美学，但应该有自己的审美倾向，不能被千变万化的潮流所左右，亦步亦趋，而应该在自己所欣赏的审美基调中，加入当时的时尚元素，融合成个人品位。

　　女人经过岁月的磨砺，已褪掉青春的青涩与天真，换来的是气质万千、风情万种，一个眼神、一抹情态、一丝微笑、一个动作，甚至眉尖上、头发梢上都是风韵无限，情韵十足，到处张扬着魅力，是上天赐予人间的精灵与尤物。

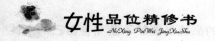
以知性来提升自己的品位

　　女人，如同周敦颐在《爱莲说》中所描绘的莲一般中通外直，不蔓不枝，香远益清，亭亭静植，可远观而不可亵玩焉。女人不是压群艳、傲百花的牡丹，不是空守幽谷的山中木槲，而是携着矜贵香氛的精致白莲花。她们衣着素净，纯天然面料的衣服是她们的首选，她们不盲从潮流。客厅的花是不会等到枯萎才换的，要么是干花，要么就是随心常换的鲜花，薰衣草、丁香、栀子之类不喧不闹，但绝对要清新宜人，这是贴近自我灵魂最简洁的行为之一。这些女人身上散发出一种知性的魅力。知性女人聪明却不张狂，典雅却不孤傲，内敛却不失风趣。女人的知性美是她们身上内敛着的一轮光华，它不炫目、不耀眼，其光若玉，温润、莹透、可感、可品、可携。

　　在《汉语词典》中，知性的定义是："具备知识和理性等特质。""知性"除了标志一个女人所受的教育以外，其实还有一层更深刻的意义，应该是女人特有的一种聪慧，它源于女人所受的教育和环境，可又并非是哪一个看上去文文静静的女人都可以被称之为知性的。知性必然是一种积累，知识的积累，生活的积累。

　　其实知识只是知性的一个基础。有很多的女性朋友，她们大部

分都受过高等教育，不过其中真正可以称为知性的却寥寥无几。女人就像一本书，有的有着深刻的内涵，有的只是儿童读物。

女人身上的知性，带给她们一种相对平静但余味更久远的魅力。和她们在一起，你可以享受到人与人之间最原始的那种如冬日阳光一样的温暖。和她们待上一个下午，你一定能获得一种由透着活力的平静滋生的希望和力量。

知性女人的定位，展现了都市女性应有的形象：有知识、有品位、有属于女性的情怀和美丽。

知性女人可以没有闭月羞花、沉鱼落雁的容貌，但她一定有优雅的举止和精致的生活。知性女人也许没有魔鬼身材、轻盈体态，但她重视健康、珍爱生命。知性女人兴趣广泛，精力充沛，保留着好奇的童心。知性女人有理性，也有更多的浪漫气质，春天里的一缕清风，书本上的几个精美词句，都会给她带来满怀的温柔。知性女人经历了一些人生的风雨，因而也懂得包容与期待……

知性女人是灵性与弹性的结合体。

灵性是心灵的理解力。有灵性的女人天生慧质，善解人意，能领悟事物的真谛。她极其单纯，但单纯中却有一种惊人的深刻。

灵性是女性的智能，它是和肉体相融合的精神，是荡漾在意识与无意识间的直觉，是饱含着深刻理念的感性。有灵性的女人以她的那种单纯的深刻令人感到无限韵味与魅力。

弹性是性格的张力，有弹性的女人，性格柔韧，收放自如。她善于妥协，也善于在妥协中巧妙地坚持。她不固执己见，但自有一种主见。弹性是女性的力，是化作温柔的力量。有弹性的女人既温柔，又洒脱，使人感到轻松和愉悦。

灵性与弹性的统一，表明女性也具有一种大气，而非平庸的小聪明。知性女人是具有大家风范的。

一个真正的"知性"女人，不仅能征服男人，也能征服女人。因为她身上既有人格的魅力，又有女性的吸引力，更有感知的影响力。

知性女人像一杯清茶，散发着感性的芬芳。知性女人关注时尚，打扮得体，气质优雅；知性女人内心浪漫，强调个性，对世界充满爱心和好奇；知性女人独立进取，智能坚强，努力追求自我价值的实现；知性女人还懂得给男人空间，深谙风筝和丝线的关系，不动声色地把男人的心拴得更牢。她有清新淡雅的面容，妩媚温婉的回眸，顾盼生辉的举手投足。她亦庄亦谐，收放自如，将女人的魅力随心所欲地发挥到极致。

知性女人是一种涵养、一种学识、一种花样魅力的象征，由内而外散发出来，时间在她身上只是弹了一个巧妙而圆润的跳音，将她出落得更加魅力动人。

知性与品位是体现女人魅力的一对姐妹花，高品位会让女人浑身上下散发出柔和淡雅的知性气质之美，知性会让女人的品位更高。

打扮外表很容易，或许你只需要稍加用心就可以了。而要想提高品位，那就得下点工夫了。

泡图书馆、听音乐会、参观名画展、进行一些民间文艺考察，甚至参与一些文化人搞的活动……这样在不知不觉中提高了你的品

位，浑身流露出一种知性气质之美。

如果你这样不断地去充实自己，就会发现一个一天更比一天睿智、一天更比一天高雅的你，那么，你的魅力是挡不住的。

上天总是公平的，在关上一扇门的同时总会为世人打开另一扇窗户。中年女人，容颜已开始慢慢褪去青春的色彩，但是她们身上流露出来的魅力却更让人心动。成熟的头脑，由内而外散发出来的气质与风情，对人、对事、对物的知性与品位，无不是经过岁月洗练，沉淀下来的智慧与精华。

自信的女人最美

女人因自信而有品位，最没希望的女人不是最老最丑的女人，而是最不自信的女人，因为只有自信才能帮助你把美丽释放出来。

自信的女人有一种非同寻常的力量，它可以让女人更妩媚生动、更光彩照人，也可以让女人更坚强、更有勇气去面对生活中所遭遇的艰难困苦，在挫折面前不低头，坦然去面对，相信自己可以克服所有的困难，并不断地完善自己，努力使自己趋于完美。尽管我们知道世界上没有真正完美的人，但是能自信地让自己向完美靠近，怎能说这不是一种最美呢？因为这样的自信，让女人看到了自己本身的价值，看到了自己的魅力，看到了生活中的美好一面，会加强对生活的热爱。

一个自信的女性是会不断地激励自己、提高自己、完善自己的。人，总是要不断地超越和自我超越。自信，是胸有成竹的镇静，是虚怀若谷的坦荡，是游刃有余的从容，是处乱不惊的大气。

自信可以让女人重新认识自己的魅力，身上焕发出蓬勃的生机，散发出向上的力量和饱满的激情。

但是，自信不同于自傲，自信是以内涵为底蕴的。自信的女人会拥有诱人的气质和难以抵挡的魅力。女人即便是有"沉鱼落雁之容，闭月羞花之貌"，但如果没有内涵，丧失自信，那么就很可能会是"金玉其外，败絮其中"，就像一只漂亮的"绣花枕头"。另外，容貌也不是女人人生中长久的"伙伴"，它会在你不知不觉间悄然地跟着"岁月老人"去"私奔"，全然不顾你的内心感受；但是沉淀在心中的内涵，却会通过自信的表情，把你全部的美丽毫无保留地完全绽放出来，这样的美丽绝不会受到岁月的侵蚀。

女人，拥有自信，脸上就会荡漾出笑意来，而这浅浅的笑，足以使她变得美丽，足以让她光芒四射！因为自信，女人的举手投足都带着一种孤傲与悠悠婉转的味道。自信的女人，犹如一枝空谷幽兰，即使没有张狂，也会让人感觉到她身上散发出的缕缕清香。自信的女人犹如一道阳光，自信的女人犹如一缕春风，能在阴云密布的日子里给人们带去光亮和温暖，能拂去人们心头的阴霾，让我们心灵的天空时刻洒满爱的阳光。

自信可以让女人变得性格坚强、豁达开朗。因为自信，女人可以拥有非凡的毅力，去坚韧地和挫折作战。面临挫折，她才可以快

速调整自己，使自己恢复到最佳状态。自信的女人知道前方的路上有荆棘和坎坷，但自信使她更加期待远方的鲜花和微笑，自信使她对未来充满希望。自信的女人永远笑声朗朗，用热情感染着周围的每一个人。因为自信，她拥有一颗宽厚的包容心，懂得去善待别人，懂得用一颗温柔的心去化解人生的困厄。

自信的女人健康、生动、活力四射。自信的女人是立体、活脱脱呈现在我们面前的。她们不会因满街的流行元素而盲目随波逐流；因为自信，才不会为脸上小小的斑点而耿耿于怀，才可以素面朝天地向世人展示自然的美丽时做到神情自若。

自信的女人懂得爱自己、欣赏自己；因为自信，女人可以去爱别人，欣赏人生，达观地看待人生的起起落落、悲欢离合！因为自信，女人的一生充满浪漫而坚毅的色彩！还有什么比这更漂亮！拥有自信的女人，男人别无他求！

女人一旦拥有自信，无论在生活中，还是事业上，都将拥有一种巨大的力量。因为有了自信，她才能发挥出自身的优势和潜能。关于自信对人生起到巨大作用的故事我们听说过很多。很多女人也知道自信的巨大力量，却不懂得如何利用自信的力量去改变自己。

自信是一种对自我能力的肯定，也是自我追求的一种不懈的努力。缺乏自信总是少了点什么。恋爱时，如果缺乏自信，总是患得患失，心事重重的样子让她的脸上失去了恋爱中应该有的光泽，少了爱情带来的快乐而变得不那么生动美丽。而充满自信时，即使她不是一个美丽的女孩，也会因为爱情的滋润让她整个人灵动俊秀起来，成为最美丽明朗的女子。做新娘的时候如果缺乏自信，少了对将来的自信，即使这一天打扮得很漂亮，也总是缺少了一点动人心弦的光彩。而自信的新娘，因为坚信自己是最美丽的新娘，坚信自己拥有了最好的另一半，坚信自己找到了所要的幸福，坚信从此会和那个他营造一个温馨而和谐的家，这样的坚信让她的脸上被亮丽的韵泽所笼罩，而成为最美丽动人的新娘。在成为母亲的时候，如果缺乏自信，就会顾虑忧心，怕自己胜任不了母亲这个角色，那些焦虑让她失去了作为母亲的风采。而自信的女人在成为母亲时，认定自己将是个最称职的母亲，自信在她的哺育下宝宝会健康地成长，自信在自己的引导中会让宝宝成为一个有用的人，这么自信的母亲，她脸上焕发出的向往是最拨动人情感的美丽。

自信能够让女人更正确地处理自己的生活，从穿着打扮到人际交往，她们都会掌握分寸、知道取舍，不受不相干的因素困扰，用最恰当的方式与人相处。

自信的力量是巨大的，自信可以令女人的面貌改变，让她知道自己想要什么、能要什么。这样的女人或许外表并不美丽，但是她那种由内而外散发出来的气质，已经不知不觉地征服了大家，不管是男人或是女人，都会喜欢与之交往，只因为那种轻松无压力的相处方式。

做一个自信的女人，你会发现你比以前更快乐，因为你不会把自己的全部心思都放在一个男人身上，你做自己想做的事，努力不断地提高自己。当你成为一个成熟而自信的女人时，男人会更加呵护你，因为像你这么优秀迷人的女人，他一定会盯牢你，不给别人任何机会的。

智慧让女人光芒四射

有人说："年轻的时候靠拼劲吃饭，中年的时候靠智慧吃饭，年老的时候靠经验吃饭。"智慧是中年人的魅力体现，智慧的男人潇洒倜傥，智慧的女人明媚动人。

做女人真好，可以享受到美丽漂亮的包装，有那么多时尚服装、饰品、化妆品、美容店为女人提供服务。但女人懂得，这些东西只是陪衬的绿叶。在工作上，她们通常是用业绩来证明自己的能力和水准的，而不是靠容貌、身材和眼泪；在社会交往中，她们把自信、宽容、聪慧集于一身。与她们交谈，会让你有所思、有所悟、有所得，然后你才会明白，女人的智慧之美是何等动人。

女人到了中年无法挽留青春的影子，却更容易吸引"慧中"的青睐，随着智慧的积累而不断成长起来的女人，是一种果子熟透的美，是一种由内而外所散发出的美，是一种令人欣赏和赞叹的美。

有人说，一个女人到了中年才算是真正的成熟，因为这时的她们才真正懂得了生活，懂得了社会，懂得了家庭，也懂得了自己的人生价值。

她们在忙碌的生活中不断为自己充电。工作之余带着孩子去图书馆走走逛逛，既博览了群书，获得了广博的知识，又让自己的孩子懂得了学习的重要性，还培养了平时没有时间建立的母子情，可谓"一箭三雕"，何乐而不为？

她们与周围的人相处平和，取人之长，补己之短。岁月磨去了她们尖锐的锋芒，她们变得更豁达、更宽容、更懂得珍惜拥有和谦虚让人。她们掌握了生活的主动，更懂得去追求美的权利和自由，所以时时会告诉自己：最美丽的天使就在自己身边，她们不会放弃也不会退缩，勇敢地为自己赢得了一片片灿烂的天空。

"不要羡慕别人所拥有的，要羡慕自己的才对。因为自身有许多别人所没有的东西……"这是一位青年作家曾说过的话，拿来细细品味，还真有一番意味和哲理，春兰秋菊，各有芬芳。走过半生的女人们学会了如何追求赞美和被别人赞美，她们用智慧的武器把自己认识得更全面，也更深刻，岁月一点点挖掘出了她们内在的潜力，届时才发现自己原来有这么多"美不胜收"的优点。

有人曾说，智慧是女人一种永恒的哲学，一个女人因拥有智慧而让自己轻盈的气质变得厚重起来，一个女人也因智慧的存在而让自己变得更加引人注目。她们谈吐不俗，气质超人，即使是在人头攒动的大街小巷也会显出一种"鹤立鸡群"的魅力。

智慧于女人是不可或缺的保养品，获得它的根本途径便是饱读"诗书"。漂亮的容颜已不再是女人独傲群芳的武器，浑身洋溢着的高贵气质以及言语间流露出来的知识修养，使她们显得与众不同，书是她们经久耐用的"时装"和"化妆品"，使她们焕发出异样的光彩。

在这个因女人的存在而变得多彩的世界里，时尚而智慧的女人

更懂得抽一点时间为自己的心灵扫扫尘土。她们明白真正的智慧是一点一滴累积起来的，就如同盖一间屋子，年轻时所打下的只是一个根基，中途的一次休息，只是为了以后更好地展现女人的风采。她们知道婚姻是加油的一个驿站，心灵得到了满足以后，扬帆起航，最终的美丽只属于持之以恒。

智慧之美是女人在半世红尘中逐渐发掘、打磨的，它不会如容颜一般在岁月的流逝中褪去颜色，反而会如醇酒一般愈陈愈香。

雅致的书香为你增添芬芳

古人告诉我们："腹有诗书气自华。"罗曼·罗兰劝导女人："和书籍生活在一起，永远不会叹息！"书能让女人变得聪慧、变得丰富、变得美丽。我国台湾省著名作家林清玄在《生命的化妆》一书中说到女人化妆有三个层次。其中第一层的化妆是改变外表，自然展现个性气质。第二层的化妆是改变体质，让一个人改变生活方式、保证睡眠充足、注意运动和营养，这样她的皮肤得以改善、精神充足。第三层的化妆是改变气质，多读书、多欣赏艺术、多思考、对生活乐观、心地善良。因为独特的气质与修养才是女人永远美丽的根本所在。所以，你要记住，唯学能提升气质，唯书能提升品位。有品位的女人时刻不要忘了跟书约会。书是女人美丽一生最

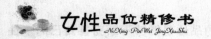

值得信赖的伙伴……

　　读书可以增添女人的智慧，可以使女人更有品位，也就是使女人展现智慧的美丽。就像在生活中，爱读书的女人，不管走到哪里都是一道风景。也许她貌不惊人，但她的美丽却是骨子里透出来的，谈吐不俗，仪态大方。爱读书的女人，她的美，不是鲜花，不是美酒，她只是一杯散发着幽幽香气的淡淡清茶，透出一个女人的智慧，一个女人的品位。

　　读书在不同的年龄，也有着不尽相同的心境。青春时期，精力旺盛，求知欲强，大有读遍天下书的宏愿，书读得既快又杂，而大多是浅尝辄止，囫囵吞枣，不解其味。进入中年，品味一本书就像在轻轻地哄着婴儿睡觉般，细读慢品之余，便能悟出书中的精华。书的灵气渐渐从那一行行文字中透射而出，让人不忍释手，捧读之间犹如庭中赏月，怡然自得，陶醉其中。

　　世间好书无尽，但选择符合自己品位的书来读，是无憾无悔的，唯一遗憾的是有许多真正的好书，自己没有更多的时间去品味享受。

　　读书对增添女人品位的效力，不像睡眠，睡眠好的女人，容光焕发，失眠的女人眼圈乌黑。读书和不读书的女人在一两天之内是看不出来的，书对于女人的美丽功效，也不像美容食品，滋润得好的女人，驻颜有术；失养的女人憔悴不堪。读书和不读书的人，在两三个月内，也是看不出来的。日子是一天一天地走，书要一页一页地读。清风明月，水滴石穿，一年几年一辈子读下去，累积的智慧，才能最终夯实女人的品位，所谓的"秀外慧中"就是指这个。

若在书卷堆里待的时间长了，浑身自然而然就会有一种翰墨的味道，淡淡的香萦绕在女人的身边，这种香是名贵的香水所无法比拟的。香水的味道会随着岁月的流逝而渐渐淡化，但是，一个沾满书香味的女人，却会随着年龄的增长而积厚流广，日愈馨香，更见浓郁，足以相伴一生。

读书的女人是敦厚的，也是雅致的。浸在书香氤氲的气息里，女人会变得脱俗，淡然处世，绝少贪奢，她们有着一种谦逊随和的娴静之气，在芸芸众生中，一眼就能认出那份离尘绝俗的恬淡气质。

书中有太多的世态炎凉，太多的人情世故，女人在阅读的时候，也就如身临其境，领悟到什么是生活中值得尊重和珍惜的东西。她们会真心地对待自己，诚意地对待别人，让生活的每一天都充满宁静的激情和欢乐。

一个读书的女人是一所好学校，她教会人用淑雅宽仁去面对世间的一切，远离庸俗和琐屑。她们懂得"富贵而劳悴，不若安闲之贫困"的真正含义，所以她们不和人攀比，不和人计较，生活得单纯而安然。

古语道："书中自有黄金屋，书中自有颜如玉。"而现代聪明美丽的女人已不再是士子苦读中翩翩起舞的影子，她们从书中走出来，亲手扬起生活之帆。

读书的女人，是清晨的露珠，纯净而晶莹，也似天上的星星，明亮中有一分深邃。读书的女人素面朝天，书便是她们经久耐用的时装和化妆品。走在花团锦簇浓妆艳抹的女人中间，与众不同的气质和修养使她们显得格外引人注目。

书对于女人的好处说不尽。女人知书会蜕去愚昧与狭隘，多一分理智与宽容；女人知书会知羞耻与善恶，从而明辨是非，洁身自爱；女人知书更会懂得如何去做人，而不会成为别人的附庸和可有可无的影子，从而获得和他人一样平等的地位和尊重。

书是女人认识自己、拯救自己、提高自己的精神之源。女人因书而成熟，她不一定因读书成为一位叱咤风云、指点江山的伟人，但女人会因读书自立而睿智。

知书的女人，本身就是一本味笃而意隽的书，越读越有味。不知书的女人，最多只能是一具美丽的躯壳，没有生命的张力、经不起时间的淘洗，是一张空洞而单一的白纸，必将褪色而遭遗弃。

不同的女人对书有着不同的品位，不同的品位会有不同的选择，不同的选择得到不同的效果，于是演绎出一道女人与书的风景线。有的女人，读书是为了获取知识、增长才干，她们注重思想性强、有哲理、有深度的书。书提高了她们的人生境界，使她们生活得很充实。这样的女人本身就是一本书，一本耐人寻味的好书。有的女人，读书是为了怡悦芳心，陶冶情操，她们喜欢读些唐诗宋词，清新素净得可爱。还有的女人，读书仅仅是一种娱乐消遣，或者只为了附庸风雅，她们热衷于言情故事，或影星、歌星、名人的花边新闻。她们比较实际，虽有点儿俗气，好在她们沾些书的边，通晓一些事理。

著名作家张抗抗曾经说过："读书的女人终究是幸福的。"理性的思考给予她属于自己的头脑，女人的神韵里就有了坦然和自信。知识为她过滤尘俗的痛苦，使她有力量抵御物质的诱惑，并超越虚浮的满足而变得强大丰富。

名人的成长离不开书。三毛将书籍看作是自己一生中不可或缺的东西，她说自己有两种东西是不外借的，牙刷与书。牙刷属于非常私用的物品，自然不能与他人共用，而书是寄放心灵的东西，所以，也是不能外借的。三毛一生漂泊，她周游世界，去过非常多的地方，但身边从来没有离开过书，不管去到哪里，行李可以少带，书却是一定要带上的。

漂亮与魅力是每个女人的追求，如果说漂亮是躯壳，那么魅力应该是内心。漂亮的外表应该感谢上天恩赐，魅力则通过后天的努力和磨炼达成。娇丽容颜会随年岁的改变而消失，魅力却可以在岁月的打磨之中香久醇远。所以，在忙于修饰美丽外表的同时，女人还要不断修炼魅力，使之成为美丽的升华。

《现代汉语词典》里对于"魅力"一词的解释是"很能吸引人的力量"。怎样得到这种力量、获取魅力？答案是读书。读书可以使魅力永久散发出与生命同在的气息，因为书是魅力的源泉。古人云："三日不读书，目光混浊。"读书可以美丽、优雅人的心灵，是永远都不会过时的生命保鲜剂。

过去对于好女人的评价标准就是进得了厨房，出得了厅堂，今天我们得要加上一条，就是泡得了书房。经常与书约会的女人，才潇洒飘逸；与书约会的女人，才韵味十足；与书约会的女人，才鹤立鸡群。

有人说，世界有十分美丽，但如果没有女人，将失掉七分色彩；女人有十分美丽，但如果远离书籍，将失掉七分内蕴。读书的女人是美丽的，书是女人修炼魅力之路上最值得信赖的伙伴，依靠它，你将不再畏惧年龄，不会因为几丝小小的皱纹而苦恼几天。因为，你已经拥有了一颗属于自己的独特心灵，有自己丰富的情感体验，你的生活将会书香四溢。

爱书的女人，最终会成为一本让人百读不厌的书，平凡中有超凡的韵味；淡然中有超然的气质，这种无须修饰的清雅淡定将使女人蜕变得更有魅力。

女人往往很难享受到年轻时那般纯粹的快乐，因为她们眼中的生活已经是平淡、琐碎、无味的了。其实细想一下就会知道，再精彩的生活，不断重复也会让人厌倦的，女人必须学会从生活中发现和寻找快乐。当然，生活中的悲伤、痛苦也是在所难免的，因此，我们应该有选择地记忆，把曾经的和即将到来的快乐，放在心中不断品味，这样，每一天你都能生活得幸福快乐。

拥有十足"女人味"

女人，你可以不漂亮，但是一定要有女人味，有时，一个小动作、一件小饰品就能让你浑身上下散发迷人魅力。

女人之所以为女人，因为她们是美丽、性感的代名词，不要愧对女人这个称呼，发挥你的魅力，让这个世界因你而精彩。

有时你可能会听到别人说："她什么地方都不错，可就是感觉

少了点'女人味'。"

"女人味"可以让你区别于其他的女人,是一种韵味。它不单单是内在美和气质的表现,也是女人综合素质的诠释。下面就教你几个小秘诀,让你瞬间散发迷人光彩。

拥有一双高跟鞋。一双合适的高跟鞋配上薄丝高筒袜,会令你的双腿亭亭玉立,走起路来婀娜多姿,尽显你的魅力。

适度的裸露。女人露得太多,会被认为不庄重;把自己包得像个"粽子",又浪费了大好的身材,被人当成守旧的女人。

如何露得恰如其分,是一门学问:对颈部有自信的女人,穿 V 字领的衣服,再搭一条精致的细链,即能衬托美丽的颈部;对肩部有自信的人,吊带、抹胸都是不错的选择,如果担心露得太多,外面可以配个肩围或小的纱网;对胸部有自信的人,可以多解开一个衬衫的纽扣,穿透明衬衫搭配同色系的花边胸罩;对腿有自信的人,可以穿迷你裙,若穿长裙的话,可以露出足踝。

适当的害羞。女人吸引男人的秘密武器就是适当地害羞,如果你平时是像男孩子一样豪爽或干练的女强人,适当地害羞会让男人觉得你有时也很"妩媚"的;如一派天真的脸上突然泛起红晕的少女,没有哪个男人会不动心。但要注意"害羞"不可"使用过度"。

选择一种香水。香水就像你的专有标志。有些女人爱把香水涂在发根、耳背、颈项和腋下,这会影响整体的味道。最好的方法是:将香水涂在肚脐和胸部周围,另用一小团棉花蘸上香水,放在内衣中间,这样不但香味保持长久,还可以使香味随着体温的热气,向四面八方溢散。

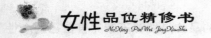

幽默的女人更可爱

幽默是一种特殊的情绪表现，而且不仅仅是男人的专利，女人也要在社交场合中经常运用它。

幽默可以让你在面临困境时减轻精神和心理压力。俄国文学家契诃夫说过："不懂得开玩笑的人，是没有希望的人。"可见，生活中的每个人都应当学会幽默。

人人都喜欢与机智风趣、谈吐幽默的人交往，而不愿同动辄与人争吵，或者郁郁寡欢、言语乏味的人来往。幽默，可以说是一块磁铁，以此吸引着大家；也可以说是一种润滑剂，使烦恼变为欢畅，使痛苦变成愉快，将尴尬转为融洽。

其实，在社会中我们不难发现：男性一般都能够将幽默和欢乐带给身边的每一个人，而女人在这点上就较之男人逊色了，所以培养自己的幽默感也是交际中女人值得注意的地方。

美国作家马克·吐温就十分机智幽默。有一次他去某小城，临行前别人告诉他，那里的蚊子特别厉害。到了那个小城，正当他在旅店登记房间时，一只蚊子正好在马克·吐温眼前盘旋，这使得职员不胜尴尬。马克·吐温却满不在乎地对职员说："贵地蚊子比传说不知聪明多少倍，它竟会预先看好我的房间号码，以便夜晚光

顾、饱餐一顿。"大家听了不禁哈哈大笑。

结果，这一夜马克·吐温睡得十分香甜。原来，旅馆全体职员一齐出动，驱赶蚊子，不让这位博得众人喜爱的作家被"聪明的蚊子"叮咬。幽默，不仅使马克·吐温拥有一群诚挚的朋友，而且也因此得到陌生人的"特别关照"。

现实生活中有不少人善于运用幽默的语言行为来处理各种关系，化解矛盾，消除敌对情绪。他们把幽默作为一种无形的保护阀，使自己在面对尴尬的场面时，能免受紧张、不安、恐惧、烦恼的侵害。幽默的语言可以解除困窘，营造出融洽的气氛。

幽默是人际交往的润滑剂，善于理解幽默的人，容易喜欢别人；善于表达幽默的人，容易被他人喜欢。幽默的人易与人保持和睦的关系。

幽默就是具有如此神奇的力量，能给你带来很多意想不到的好处。幽默不仅能使你成为一个受欢迎的人，使别人乐意与你接触，愿意与你共事，它还是你工作的润滑剂，促使你更好、更快乐地完成工作。这往往是采用别的方法所不能达到的，也是成本最低的一种方法。

如果你能够恰如其分地把你的聪明机智运用到智慧的幽默中来，使别人和自己都享受快乐，那么，你就会得到更多喜欢你、钦佩你的人，会获得更多支持和关心你的朋友。幽默要想能够打动人，那就要得体，下面就是给你的几条建议：

轻松应对。你首先要做的是放松。如果你付诸了行动，没有人会对你表示不满，况且你要面对的也不是改变命运的考验。你只不过是想给自己的生活和言谈增姿添彩，使自己显得更为随和。因此不要给自己太大压力。

不要较真。减轻生活和自我的压力，要习惯于对事情持保留态度。遇事要看到乐观的一面，你会发现，在大多数情况下，即使是踩在香蕉皮上滑了一跤也可以为你带来幽默的谈资——秘诀是你能发现这些事情，并敢于自我解嘲。

做"流行文化通"。如果你没有一些参考资料或素材，那你不可能有幽默感。你的知识面越宽，你说的话就越风趣。

例如，如果你对《阿森家族》（美国著名的动画片）一无所知，那么你就不可能有一番"幽默"风格的品头论足。因此，你了解的电影、电视、音乐和各种流行文化越多，你的幽默感就可能越强。扩展自己的视野并关注时事热点，你会惊奇地发现有那么多幽默素材会不期而至。

独树一帜。幽默不仅仅是大开玩笑，它取决于你谈话的习惯，看待事物的态度，如何表现自己以及说话时的腔调和姿态。言谈要生动活泼，这样你就能使所有的故事变得趣味盎然。

与他人进行目光交流，自信地发表意见，这样每个人都想倾听你的故事。另一方面，如果你的幽默较为隐晦，具有讽刺性，那就扮演一下那一角色，并用一种平淡的语调来说话。你的表达技巧需与你的幽默保持一致，如果时机不当，那么你会弄砸了整个玩笑的。

要有创意。具有幽默感不仅仅是翻来覆去地炒"旧饭"，如果你将一些流传多年的笑话改头换面，旧调重弹，人们会觉得你是傻

子，而不是一个富有幽默感的人。幽默最好是在谈话或讨论时融入一些独到和发自内心的见解。

不惧失败。你的目的并不是要引得大家哄堂大笑，而且任何一个优秀的喜剧演员偶尔也会砸场。因此，不要担心没有人喜欢你的幽默——要么视而不见，要么一笑置之，并且不论你做什么，不要扎进"玩笑堆"里，费尽心机去逗乐每一个人——你不必如此。

做一个懂得幽默的女人，同时也是有情调的女人。幽默不仅仅在社交中很有用处，在生活中一样可以提高你的人气。

女人不可缺少灵气

灵气是生命中的亮点，不在于年龄的大小，不在于职位的高低，不在于成熟或者幼稚，不在于稳重或者张扬，那是女人身上焕发出来的与生俱来的一种气质！是每个女人都具备的。灵气的来源是内涵，是感觉和认识，是女人潜意识中本质的表现。

女人的灵气需要焕发，需要激励，更需要提炼。换句话说，女人的灵气是与自己相知相识的人在接触中不断产生的火花。零星的火苗点燃了女人内心深处的灵气之光，面对一个根本不入自己眼睛的男人，任何一个女人都难展现出一丝的灵光。

灵气在不断地接触过程中闪现，是女人生命的激素，是女人情感的助燃剂，是女人精神支撑的点点基石。女人的感觉很外露，散发灵气的女人大多处于情感的旺盛期，眉目传情扫千万，嫣然一笑万山横。情感丰富的女人眼睛会放光，容颜也会更加的性感。

灵气是灵魂忠实的卫士和亲密的朋友，它们不是姐妹关系。更多时候灵气是灵魂深处美好的表现，是一种升华。如果一个人想要同另外一个人沟通，必须通过了解，明白感觉。可在最初必须要有东西能牢牢地吸引住，这个时候灵气就站了出来。一见钟情是怎么回事？就是因为第一眼的接触立马就焕发了自身的灵气，两种气的融合造就了轰轰烈烈。女人爱上一个男人往往被说成稀里糊涂，其实是因为她们被男人的魅力所征服。而此时男人所表现的魅力正是成长于女人的灵气之中，正是女人的灵气焕发了男人的魅力。

灵气的焕发必须要有真实作为基础，聪明的女人不是整天炫耀自己这好那也好，因为她们知道男人是永远吃不饱的，她们会一点、一点地散发出来她们的灵气，对于自己的灵气她们会相当吝啬。如果真的想要彻底感悟一个女人的灵气，男人只有一条路走，那就是以真心换真意。

女人的灵气是无论如何都装不出来的，真实女人才具有灵气，背离真实自我的女人，无论多温柔多可爱都会缺乏鲜活的感觉。真实的女人的灵气是女人可爱的魂！

没有任何一个女人希望自己平淡地过一生，不精彩的生活就像沉重的石磨，会把女人有限的青春碾得粉碎，婚后的女人往往觉得自己不需要灵气了。其实是大错特错了，因为她们心中也不缺乏幻想，她们甚至比婚前对爱情的渴望更甚。只不过是少了一些在幻想

中找感觉而已，更加的真实了。应该真切地看到，真实的生活才更能磨炼自己的灵气，毕竟自己身边所拥有的是真真切切的、实实在在的，辛苦得来的幸福啊。

女人的灵气是照亮女人一生的探照灯，更是吸引男人一步一步走过来的指挥棒。好女人会懂得珍惜自己的灵气，把握自己的灵气。

做一个脱俗女人

在世界上美丽的女人实在多得不计其数，但真正脱俗的美丽女人那是少之又少。黛安娜的美丽，令全世界男人向往；郝思嘉的美丽，因其独具的魅力受到人们的称赞。美丽高贵的女人几乎没有人能抵挡得住她们的力量，那是因为她们身上具有脱俗的魅力。

脱俗的女人是很有魅力的女人，这样的女人对于男性来说，永远是神秘的。当今世界不断上演着爱情的悲喜剧，而且将永远继续下去，这其中吸引男性的原动力就是女人的魅力。女人的魅力有很多因素，从外表的姿容到内在的性格、知识、修养等。自古以来，就有这样一种女人，她们好像生来就超凡脱俗，有一种娴雅和诱人的魅力，使得她们在男人的心里永存。

有首诗写道："我只是看见她走过我的身边，但是我爱她直到我死的那一天。"许多历史上令人难忘的女人们所具有的，不只是性感，更重要的是她们有迷人的妖媚和内涵。令人难忘的女人是美丽、善良、温柔、热情、有内涵、能吃苦的，她们能体谅别人的苦衷，做任何事情都全神贯注，从不在乎别人说什么，她们并不多说话，也不过多装扮自己，但当男人和她们在一起时就会感觉到快乐、轻松、悠然。她们是男人心目中期盼的女神。

有一位诗人在给他的情人的诗中写道："多少人爱慕你的年轻，多少人爱慕你的美丽，多少人爱慕你的温馨，可有一个人，他爱慕你的圣洁灵魂，爱慕你衰老的面孔，爱慕你痛苦的皱纹。"女人的美丽，更重要的是灵魂和气质，女人的美丽首先是有女人味，有女人味的女人犹如温醉的空气，如听箫声，如嗅玫瑰，如躺在天鹅绒的毛毯里，如水似蜜，如烟似雾，有女人味的女人一举步、一伸腰、一掠鬓、一转眼，都如蜜在流，水在荡，里面流溢着诗与画无声的语言。真是："盈盈一水间，脉脉不得语。"

但凡脱俗的女人，我们都会在心中用天使去比喻她，她们好比天使般纯洁无瑕，她们就是天使。男人希望自己的女人都是天使，女人也希望自己在男人心中是天使。那么，有品位的女人，一定要提高自己的修养，能够让自己的表现脱俗。

脱俗的女人是有内涵的，是有品位的，她们有渊博的知识、睿智的语言，在事业上创造进取。这样的女人是众人乐于交往的对象，这样的女人也比较容易成功。因此，想做一个有品位的女人，你一定要脱俗！

第四章

∨∨∨

女人的品位是能够独立撑起一片天空

有时候走向成功的最大敌人就是自己。在人生的路上，没有人为你铺上红地毯。任何事都得自己去奋斗，任何人都帮不了你，只能自己帮自己！天下没有免费的午餐，要走向成功就必须付出心血和汗水。

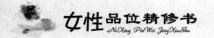

做事业中独立的女人

说到女人的独立，人们就会想到一个高举红旗、坚决与男人进行抗争的女人形象。这种形象曾在全世界被广泛宣传，以至于不少人认为女人独立就是那个样子。实际上女人独立并不在于与男人抗争，而在于找准自己的位置。独立是一种很高的境界，它需要高素质的心态和全新的价值观。现代社会已很开放，有时制约女人独立并使女人在追求独立过程中吃尽苦头的不是别人而是女人自己。

女人独立的目的不是消灭自己的本性，如果是这样，独立还有什么意义？当今社会已向女人提供了很多经济独立的机会，由于观念误差，不少女人对男人的成功不服气。她们不懂得男人的社会是竞争形成的，女人如果一定要到男人世界里去，就必须得付出比男人更多、更痛苦、更委屈、更压抑的代价。

有工作的女人在经济上有独立感，这种感觉能使她们的感情有相对坚实的地基。但不少女人在经济上仍依赖男人，这些女人肯定觉得自己不独立，很苦恼。而不少挣钱的男人的确很自傲，把女人视为自己的私有财产，甚至有的还轻视女人。尽管没有社会工作，但女人持家也是一种职业。如果男人在企业打工能有工资，那女人持家也应有报酬。以往男人总把家庭的生活费视为对女人的报酬，

这是不对的。生活费只是家庭必需的成本，它没有在经济上体现持家女人的价值。

关心和尊重女人不是一句空话，男人应主动量化女人持家的价值，并愉快地付给这笔象征着对女人价值尊重的工资。千万不要小看这个程序，这是女人走向独立的关键。女人有这种独立感才会有尊严，男人在有尊严的女人面前才会有在乎。过去的男女关系总被遮掩在虚伪的假情假意里面，这已非常不适合现代社会的要求。男女经济关系的含糊，使男女相处的质量不高，不仅不能获得两性畅快和透明的愉悦，也很容易产生矛盾和变心。女人如果缺少独立感，整个人就会变得十分灰色，男人对这种女人不会有长久好感，迟早都会背叛。

不要把选择权都交给男人

现代女性的独立性决定了女人不能没有主见，没有主见就无法独立。我们要独立自主，而自主主要指的就是自我主见的能力。

有些女人，遇事经常无主见、犹豫不决。比如每买一件东西，简直要跑遍城中所有出售那种货物的店铺，要从这个柜台跑到那个柜台，从这个店铺跑到那个店铺，要把买的东西放在柜台上，反复审视、比较，但仍然不知道到底要买哪一件。她自己不能决定究竟哪一件货物才能中意。如果要买一顶帽子，就要把店铺中所有的帽子都试戴一遍，并且要把售货小姐问烦为止，结果还是像下山的猴子，两手空空。

世间最可怜的，就是像这些挑选货物的女人这样遇事举棋不定、犹豫不决、彷徨徘徊、不知所措、没有主见、不能抉择、唯人言是的人。这种主意不定、自信不坚的人，很难具备独立性。

有些女人甚至不敢决定任何事情，因为她们不能确定结果究竟是好是坏、是吉是凶。她们害怕，今天这样决定，或许明天就会发现因为这个决定的错误而后悔莫及。对于自己完全没有自信，尤其在比较重要的事件面前，她们更加不敢决断。有些人本领很强，人格很好，但是因为这些毛病，她们终究没有独立，只能作为别人的附属。

有些女人敢于决断，即使有错误也不害怕。她们在事业上的行进总要比那些不敢冒险的人敏捷得多。站在河的此岸犹豫不决的人，永远不会到达彼岸。

如果当女性发现自己有优柔寡断的倾向时，应该立刻奋起改掉这种习惯，因为它足以破坏自己许多机会。每一件事应当在今天决定，不要留待明天，应该常常练习着去下果断而坚毅的决定，事情无论大小，都不应该犹豫。

个性不坚定，对于一个人的品格是致命的打击。这种人不会是有毅力的人。这种弱点，可以破坏一个人的自信，可以破坏判断能力。做每一件事，都应该成竹在胸，这样就会做事果断，别人的批评意见及种种外界的侵袭就不会轻易改变自己的决定。

敏捷、坚毅、果断代表了处理事情的能力，如果自己一生没有这种能力，那一生将如一叶海中漂浮的孤舟，生命之舟将永远漂泊，永远不能靠岸，并且时时刻刻都处在暴风猛浪的袭击中！

有主见，就是有自信。有自信，肯定能有主见。只有这样，才能使自己不断独立自主，才能使自己不断自力更生。

现代女性要有主见，才不会迷失自己，如果任何事情都要男人做选择，没有自己的观点，只会让他离你更远。女人要有头脑、有思想、有自己的人生规划，不要把你的权利交付给别人。

女人放弃自我就会一无所有

有个女孩如此抱怨道："我很爱我的男朋友，为了他我愿意放弃任何东西，他喜欢的我会去做，他不喜欢的我就不去做。我对他简直是好得不能再好，可他还不是很爱我。我也觉得这样太没自我了，可是我真的无法想象我离开他的日子，我觉得我会死的，总想有一天他也会很爱我的。"

在古代，婚姻是女人一生的赌博，她们将全部的希望寄托在丈夫有出息上，盼望着有朝一日"夫贵妻也荣"。即使在妇女独立的今天，不少妇女仍然愿意将全部的爱与幸福寄托在丈夫身上，但往往换来的是失望。帮助男人成功并没有错，错就错在放弃了完善自我。没有一个良好的自我，只靠男人活着，永远是女人的悲哀。只有不断完善自我，与丈夫比翼齐飞，一同进步，一同成功，才会有良好的心态与丈夫相处。女人只有不断完善自我，才能把握自己，实现自我，并受到他人的承认和尊重。

当女人为婚姻完全放弃自我时，她就放弃了得到认可和尊重的权利。经营婚姻和爱情，就像手中抓住的沙子，握得越牢，越容易流失。女人把自己的未来寄托在别人身上，舍弃了自尊、自我价值，幸福生活就没有保障。

女人的天空原本是明丽湛蓝的，不应该生活在泪雨纷飞和愤怒失衡的心态下；更不能放弃自尊，放弃了自尊的女人就等于自掘坟墓！不要为男人而活，要为自己而活，要活出价值来，活出被别人需要的自豪感！全国妇联把自尊、自信、自立、自强作为新女性的标准，实质就是号召女人在不断的自我完善中发展自己，追求幸福。"四自"精神不仅是女人实现自我价值的需要，也是维护美满婚姻的法宝。所以，不断完善自我应是女人一生的功课！

对于很多女人来说，一旦遇到了某个心仪的男人，她们往往会在自己生活中某些相对次要的事情上做出让步，时间一长，就迷失了自我。所以女人还是要有自己的思想和生活空间，坚持自我，这样你才不至于陷入别人的人生。

财务自由才能独立自强

许多女人都把男人视为自己生命的全部，这是一种极端的生活态度，男人只是女人生命中的一部分，生命中必定也必须有别的寄托，孩子、事业、朋友、爱好……这样，即使生活中的一部分受挫，也不会影响到其他的部分。

在现实生活中，也有许多的女性，她们有的或许没有迷人的外表，有的或许没有骄傲的年龄，但是她们却拥有自己独立的人格，拥有自己的事业和朋友，她们不用因为花钱而看丈夫的脸色，也不用为了跟丈夫要钱而显得比他矮一截，因为她们有自己独立的经济来源。她们每天依然开心地工作、生活，依然给孩子、给朋友最灿烂的笑容，最甜美的声音，最真诚的祝福，她们总是给人一种赏心悦目、沐浴春风的感觉，她们深深地懂得，"不经历风雨，怎么见彩虹"这一幸福定律。

女人不要在经济上依赖男人，你只要伸手向他要钱，那你在他面前也许就没有地位了，刚开始他还不觉得什么，等你多向他要几次的时候，他会看不起你，会让他觉得你没有他不行，然后做什么事都肆无忌惮的，所以说女人不能这样，女人一样可以有自己的事业，不一定要靠男人，靠自己才是最实在的，女人要学会独立。

现在的女性认识到了这一点，靠着努力不再使自己依赖男人，给人们一副"女强人"的形象，有时这些女性的过于独立，却不知她们在男人的眼里已被视为同性。

总而言之，男人与女人之间的和睦相处是以经济上的相对独立为基础的，如果在一个家庭里，女人没有任何经济来源，那么，这个家庭势必会有一些不和谐的因素在滋生。

现代女人一定要有自己的经济来源，不要总想着依赖别人，这样只会让自己丢掉尊严。要有自己的朋友和社交，有自己的工作，做个独立的个体，而不是一个只会依赖男人的青藤。

打造自己的"黄金存折"

有计划，你才能赶得上生活的变化。根据银行的调查，多数家庭的男人收入高于女人，但针对报税、家庭收支管理的工作多由女人担当，凸显出还是女人擅长掌握家庭财务大权。不论单身或已婚女人，都该好好管理自己的财富，制订长远的财务计划，打造美丽人生，而管理财富的第一步，就是检视自己的收支状况！

因为，天底下最快乐的事之一就是——不需要伸手拿别人的钱。拿别人的钱，就会受制于人；受制于人，就必须强迫自己去做自己非心甘情愿而做的事情。也因此，有品位的女人如果想要活出

美丽人生，你就应该学习如何在"幸福银行"中打造属于自己的"黄金存折"。这本黄金存折的所有人应该是你个人，是独立于家庭理财的另一本存折。黄金存折的内容可能是现金、保单存款、房地产，或是共同基金账户，当你的人生有金钱上的需要时，黄金存折内的资产随时可以派上用场。

现在的女人已走出家庭束缚，跃上职场当家做主，知识与财富倍增，女人拥有绝对独立自主的权利，至于观念，当然也要脱离传统的观念。

想要理财，若没有资本，一切皆属空谈。不论是月光族的你，还是等待男人发薪日的家庭主妇，或是在职场上冲锋陷阵的上班族，改变消费习惯是首要关键，将不必要的支出变为理财资本，同时具有三种观念，后续才有无限想象空间。

观念一："你不理财，财不理你。"理财不只是空谈口号，要身体力行，更要持之以恒。

观念二：强迫储蓄，定期投资。"零存整取"、"定期定额"都是强迫储蓄与投资的最佳手段，让部分薪资自动向投资账户投诚，眼不见为净，多年后成效绝对令人满意。

观念三：让消费物超所值。美丽的女人投资外貌，聪明的女人投资内在。充实自我理财观念、开阔视野，将消费用在刀刃上。"利用知识生财"，是新时代女性最聪明的理财方式。

新时代的精英女人，理财与消费能力不容忽视，开名车、居毫宅的女人不在少数，更有不少人是投资市场的常胜将军，她们分析判断的能力令人赞叹。

女人理财可分为三大阶段，依照不同年龄、阶段需求做适度调整，让自己成为财务主宰：

阶段一：女人二十最美丽

进入职场才几个年头的你除了累积职场经验与取得社会认同外，更重要的是趁未有家室前，累积投资理财的本钱，否则两手空空，连眼前生活都成问题，何谈投资理财？

待手边有了一笔闲钱，便可以开始进行投资，由于年轻人有承担高风险的本钱，适度投资高风险、高收益的产品，能快速累积金钱。

阶段二：女人三十一枝花

在成就与财富逐渐累积至一定水平后，接下来可就要精打细算了，不仅要让现在的日子过得更好，也要让老年生活更有保障与尊严。这个阶段女人最大的开销多以置产、购车为主，已婚女人更要准备子女的教育理财，以免日后被庞大的教育费用压得喘不过气来。

此外，不断为家庭贡献的你，也别忘了要好好爱惜自己，加强保险功能，并依照自己的需求分配保单比重，为现在及老年生活打底。

阶段三：女人四十是块宝

40岁以后的你，孩子大了，经济状况也稳定了，这时应该检视夫妻俩退休后金钱是否无虑？想过怎样的生活？尤其往后接踵而来的医疗费用支出，的确是一笔不小的开销。目前除强调保本外，也应增加稳定且具有固定收益的投资。

生活中"赚多少，就花多少"，没有什么清楚的概念的人，要实现自我梦想及打造幸福人生真的是很困难的。想要当一位有真材实料、令人羡慕的美丽佳人，你必须聪明地存到足够的"本钱"，不能在金钱游戏中打迷糊仗。通过专业的力量来明智地管理财富，达到经济上的稳固，你才有实力定义属于你自己的幸福。

女人要不甘于贫穷，为了幸福的人生，女人应该积极参与家庭的各项财务计划，而不要以为结婚后有了靠山，就疏忽了个人最重要的理财规划。

有这样一位女人，在理财师的帮助下赚了一笔钱，并拿出一部分赢利邀请先生一起到美国进行了一趟浪漫之旅，让她的先生对她刮目相看，一下子对她紧张起来。

女人理财不仅是让自己更有保障，也让女人在家庭里更有地位和发言权，并且能促进夫妻感情。而且，很多女人都掌握家里的经济大权，具备投资理财的条件。

想要打造自己专属的"黄金存折"，为自己的未来幸福做好准备，你必须问自己以下几个问题：

幸福是什么？

我心中预想的幸福有多大的可行性？

我需要多少钱来打造自己的幸福？

我的幸福可以维持多长的时间？

这些问题都可以帮助你清楚地了解，自己需要多少本钱才能拥有心中的幸福。想要拥有自在的心情，维持健康的身体，过上惬意的生活，你需要学习建立稳健的经济基础，掌握理财的方法，才能

实现幸福人生。

比如，你希望在 45 岁以后不用再为五斗米折腰，而每个月还至少可以有 3 万块钱在手头运用，如果你可以活到 70 岁，在忽略通货膨胀的情况下，你就必须至少准备 900 万元。而如果你还计划到夏威夷长住半年，或是到加拿大移民养老，你更要清楚你需要在"黄金存折"中存到多少钱，才能真正一手打造出属于你自己的幸福。

"理财"的本质，在于善用手中一切可运用的资金，照顾人生各阶段需求。最优质的理财手法，就是在生前能花完每一分钱。要达到这样的境界，也许太过严苛，只要能活用手边资金、正确投资并平均分摊风险，就是最好的理财观念。

把生活纳入自己的轨道

曾记得看旧社会题材的电影，里面往往会有一些女人出现，而她们给人印象最深的就是那被紧紧裹起的小脚。女人的小脚，也许是一种象征，象征着女人在家里的地位也如她们的脚，处于弱势的地位。女人的脚小了，在田间劳动就很不方便，所以多是男人出去工作，是男人出去挣钱养家。

禁锢的思想迟早会解放的，压抑的地位也会提高。如今，女人不但站起来了，而且在生活工作中的角色也发生了逆转。以前，无论是家族事务的处理，还是金钱的花销，多是由男人来主导，而如

今的城市女性，却在昭示着她们的独立与精彩。

伴随着城市化和都市女性的出现，社会上有了越来越多的职场女性，有人称之为女白领，她们张扬着自己的个性，证明着自己的成功。如今的女人已不是过去的家庭妇女，她们已经走出了家门，承担着社会的众多责任。公司里，勇敢的职场女性领导着她的团队奋力为公司创造着价值；名车里，女老板正听取秘书的工作汇报；温馨的家里，母亲正握着儿子的手教他写字。

女人的角色发生了变化，她们有了自己独立的经济收入，从而在财产支配上有了话语权，可以为自己买衣服和化妆品，也可以给自己买一份保险。若有时间和心情的话，也会在股海中漂流打拼。

女人理财有自己的特色，与男人相比，女人明显具有细致周到的特点。她们对家庭生活开支更为了解，这样使得女人在收入支出的安排上享有优先决策权。另外，女人的投资理财偏向保守，很好地控制了风险。女人在决定投资之前，往往会事先征求多人的意见，三思而后行。

由于生理上的差异，女人对于形体的维护比男人要重视得多。时装、首饰、美容等高消费的商品对于女人来说，具有非常大的诱惑力。所以女人在这些商品上的花销往往很大。

在保险产品的选择上，女人已经意识到给自己买一份保险是很重要的事情，女人针对自己的特点，可以买一些包含有妇科疾病的险种。

在财产面前，感情当然是第一位的，不过现在的女人认识到，感情和财产是可以兼有的。在结婚前，她们也会考虑财产公证以及

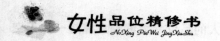

所购房产所有人产权登记。

在现代忙碌的社会，飞快的节奏中，女人正担起家庭的理财重任，消费、保险、投资，就如她们的盘中菜，细细做来。

女人的独立自主要先从经济权独立做起，单身的女人财务问题固然要自己打点，已婚的女人，家庭经济权如果不是自己负责，就算是想省事不插手，也绝不能糊涂。

有了经济独立权，才有发言权以及成长空间，才能在家庭中说了算，也才能把生活纳入自己的轨道。实际上，现代女人对于财务及投资的参与率已经有所成长，以往，很多人以为"投资"是男人的工作，或者以为男人接触的讯息较多，判断力好，很直觉地就把理财的工作交给男人作决定。但是经过时代变迁，随着女人受教育程度及比例的提高，以及女人就业机会的增加，女人已完全具备了做好现代家庭投资理财所需要的全部条件，而女人细心、思考周密的特质，也很适合担任投资理财的操盘者。

（1）风险规划

风险保障也是必须考虑的，适当的保险是必要的，但是要将资源用在最有效的地方。为了要保障家里的财务安全流量，在银行定存的金额要保持约等于每个月固定支出的6倍，以备不时之需。

举例来说，如果每个月家里的支出大约为5000元，那么银行里至少要存有3万元，以防止家庭收入突然中断，可以有6个月的时间来应急。扣除这些金额后，其他的资金再来作理财规划。

（2）随年龄调整理财计划

女人经济自主性高，日子自然过得快活满足，不同年龄的女人

所需要的理财重点不同，原则上未婚、30岁以下的女人目标是快速地累积资产，绩优股票或区域型的股票基金比重可以较高，占资产比重可以达到六成以上。对于年龄在30～45岁的已婚、有小孩的妇女，经济自主和妥善的理财规划尤其重要，则要考虑以家庭为单位作规划，不能像未婚时那样随心所欲，稳健投资为第一原则，但又不能过于保守以免资金累积赶不及子女的成长速度。在对于投资规划时，必须同时兼顾自己的退休金储备和子女教育金储备，是双重的压力，定存（或债券基金）和股票基金则可交互运用，股票基金或外币资产比重可以占到四成至六成。

实际上，作为一位女人影响理财观最重要的里程碑是在有了小孩以后。相信多数的父母都同意，当有了宝宝之后，什么事都变得不一样了，鲁迅说"横眉冷对千夫指，俯首甘为孺子牛"，正可以道尽天下父母的心境。不过有了小孩，就有了责任，凡事思考应更成熟，因为不会再只以自己为中心，整体来说，不论在工作上或财务上的安排都应该倾向于保守。

至于方法，则是以定期定额的方式作为小孩的教育金和自己的退休金储备，也可以在股票、基金、期货、外汇上做些投资。基金确实是最省力且有效的方式，因此专家建议5年以上的理财目标可以采取这种方法，因为长期地积沙成塔可以达到平均成本的效益，风险也被分散了。

投资股市也有"二八理论"，就是20%的人赚走80%的获利。金融市场诡谲多变，可说是一个残酷的战场，而散户在现实的金融市场中很难有获利的空间。所以，专家的建议也总是买基金，原因无他，因为只有通过基金，一般投资人才不会被无情的市场给吞噬掉，才能和机构法人、大户取得公平的机会。

一般人操作股票最大的困难是没有时间研究，我们由于社会分工的不同，每个人的主要精力几乎都花在自己的工作上了。而投资又是一件复杂的事情，如果只是"兼差"做股票，怎么比得上专业机构整组人员全职投入呢？一般人根本不知从何做起，手上的三五万元资金又只能买一两支绩优股，更别谈"分散投资"的原则了。如果要投资国外市场，那更复杂了。

基金对于个别投资人来说，不论投资 1000 元、1 万元或 10 万元，也要和投资 100 万元，甚至 1000 万元的人一样，雇用同一组专业研究人员来谨慎选股，因为投资所获得的利润是由这一个基金的所有投资者所共同享有；而且通过这个基金，资金也分散在 30 ~ 40 支股票上，达到分散风险的原则。

学会利用共同基金投资国内外市场，是一种轻松理财的好方法。

女人在理财上要避免盲从，首先要辨认自己身处在哪一个人生阶段，有哪些相应的需求，然后要明确风险底线，要知道每种投资都是有风险的，而自己能够承受的底线是多少？在投资之前细心了解自己现在的经济状况，包括收入水平、支出的可控制范围，以及你希望在短期（1 ~ 2 年）、中期（3 ~ 5 年）或者长期（5 年以上）内看到的情况，根据可以判断的条件，定好一个目标，而且一旦目标定好了，就不要更改。

第五章

∨∨∨

女人的品位是有一个快乐的心态

生活中总有困厄和竞争，它们就是烦恼、悲伤的根源，如果你不懂得自救，那么就很难生活得快乐幸福。调整好心态，努力削减生活中那些让人痛苦烦乱的因素，你就能够拯救自己，脱离"苦海"，在平凡简单的生活中捕捉到真正的快乐。

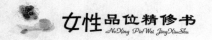

笑一笑，十年少

你可能早就发现了，心情不好时，看部喜剧电影大笑一场，沮丧的心情就会平复许多，我国民间有句俗语"笑一笑，十年少"，一个女人如果能笑口常开，那么她将变得更健康、更美丽。

用你的微笑去欢迎每一个你接触到的人，那么，你会很容易地成为一个有品位的女人。

笑，它不花费什么，但却创造了许多奇迹。

有人做了一个有趣的实验，以证明微笑的魅力。

两个模特儿分别戴上一模一样的面具，上面没有任何表情，然后问观众最喜欢哪一个人，答案几乎一样：一个也不喜欢。因为那两个面具都没有表情，他们无从选择。

然后再要求两个人把面具拿开，舞台上出现了两种不同的个性，两张不同的脸，其中一个人把手盘在胸前，愁眉不展并且一句话也不说，另一个人则面带微笑。

再问观众："现在，你们对哪一个人最有兴趣？"答案也是一样：他们选择了那个面带微笑的人。

这充分说明了微笑受欢迎，微笑能拉近与生人的距离。有了微笑，办事就有了良好的开头。

微笑永远不会使人失望，它只会使人受欢迎。

不会微笑的人在办事中将处处感到艰难，这就是生活中真实的写照。

微笑能解决问题，这是一个真理，任何办事有经验的人都会明白这一点。

用微笑把自己推销出去，无疑是人生成功的法宝。

有一位叫珍妮的小姐去参加航空公司的招聘，她没有关系，也没有熟人，完全是凭着自己的本领去争取。她被聘用了，你知道原因是什么吗？那就是因为她脸上总带着微笑。

令珍妮惊讶的是，面试的时候，主考官在讲话时总是故意把身体转过去背着她。你不要误会这位主考官不懂礼貌，而是他在体会珍妮的微笑，感觉珍妮的微笑，因为珍妮应征的工作是通过电话工作的，是有关预约、取消、更换或确定飞机班次的事务。

那位主考官微笑着对珍妮说："小姐，你被录取了，你最大的资本是你脸上的微笑，你要在将来的工作中充分运用它，让每一位顾客都能从电话中体会出你的微笑。"

其实归根结底，能不能微笑地面对一切，仍旧是个态度问题。只要你能从内心深处端正自己的态度，养成乐观豁达的性格，你脸上的笑容自然不请自来。有了这样的笑容，说起话来，自然就会产生令人难以拒绝的魅力。

微笑是一种修养，并且是一种很重要的修养，微笑的实质是亲切，是鼓励，是温馨。真正懂得微笑的人，总是容易获得比别人更多的机会，总是容易取得成功。

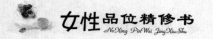

快乐是女人不能舍弃的追求

朝九晚五的机械日子，激烈竞争的疲惫让越来越多的女人失去了快乐的心情，其实"境由心造"，一个人是否快乐，不在于她拥有什么，关键在于怎样看待自己的拥有，也就是说，快乐是一种积极的心态，是一种可以通过自我调节获得的幸福。

不要劳神去寻找什么快乐的源泉，快乐好比一杯鸡尾酒，是可以按照自己的口味亲自调制的。

这里，我们可以给大家一些建议，不妨尝试一下，说不定你压抑的心情就会因此飞扬起来：

（1）行动起来

你必须行动起来，活动可以产生使你快乐的化学物质，活动还可以转移你大脑的兴奋中心，让你忘掉烦恼；完成一项活动还可以给你满足感。所以，当你倦怠地躺在床上，觉得自己什么也不能做时，你要试着动起来。

（2）做简单的事情，别逼自己

有人会劝你"振作精神，像往常一样做事"，这个态度是积极的，但实际上却是错误的。抑郁就像感冒，你的身体已经很虚弱，那些从前你觉得简单的事情也变得难以应付，所以强迫自己干你感到困难的事会加重你的抑郁，你会更加看不起自己，你对自己说：

"连那么简单的事情也做不了，我彻底完了。"

（3）床上伸展操

也许你不相信，只要几个简单的动作，赖床的毛病就会一扫而空。在穿衣服之前，不妨坐在床上做简单的伸展操，放松紧绷的肌肉和肩膀，慢慢地转转头、转转颈，深深地吸一口气再起身，会有种舒畅感。

（4）为自己做顿早餐

有人宁愿多睡半小时也不肯为自己做一顿可口的早餐。其实一天三顿饭早餐最重要，早餐是一天活力的来源，为了多睡一会儿而省掉早餐是最不划算的，一来健康大打折扣，二来失去了享受宁静早餐的美妙感觉。下决心明天早起半小时为自己做顿可口的早餐吧！它将带给你精力充沛的一天。

（5）洗个舒缓浴

淋浴或泡澡要看你的时间充裕与否。如果泡澡，水温不宜太高，时间也别拖得太长，选一些含有柑橘味的沐浴品，对于振奋精神是最好的。如果是淋浴，告诉你一个消除肩膀肌肉酸痛的小秘方，在肩上披上毛巾，用可容忍的热度，用莲蓬头水柱冲打双肩，每次 10 分钟，每周 3 次以上，效果极佳。

（6）尝尝自己做的点心

研究证明，吃甜食有助抚慰沮丧情绪。其实，品尝自制的小点心不但有成功的喜悦，同时，在烹调的过程中，也有意想不到的乐趣。如果你的厨房设备很简单，就做一道好吃的米布丁吧。在小锅中加入适量米和水同煮，接着加入适量牛奶继续煮至米熟软，待牛奶汁略收干时加入糖，再加上一个蛋黄，享用时，撒上葡萄干就可

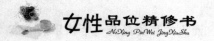

以了。

（7）掸掸灰，吸吸尘

厨房的碗筷堆得快溢出水池，窗上积了一层灰，脏衣服满地都是。与其惹得自己心烦意乱，不如花点时间吸吸尘、擦擦灰，整理一下。当你环视四周时，心情会无比的畅快。

（8）远离电视

研究显示，以看电视为生活重心的人，是不快乐的。是的，有时候躺在沙发上，盯着电视一整天，最后感觉好像什么也没看到，什么也没记住，然后就开始懊恼后悔，不该让电视占了那么多的时间。

（9）静下心来看本书

还记得书本散发的浓浓墨香吗？还记得手指翻动书页的温柔触感吗？还记得上一次被书中的情节深深感动是什么时候吗？找个时间，冲杯咖啡，再回味一次那种感觉吧！

（10）买件礼物送自己

买件礼物送自己，可以是一束花、一双昂贵却十分舒服的鞋，甚至是一顿讲究的可口菜肴。偶尔宠爱自己，足以治愈高压紧张所带来的坏心情。

拥有好心情的秘诀就是：尽量增加令自己快乐的活动。只要你愿意去寻找，就一定能够从平凡的生活中发掘到更多的快乐。

做一个可爱的"糊涂"女人

看看社会上有些中年人，一个比一个精明，一个比一个爱较真，生怕什么地方犯糊涂吃了亏。《红楼梦》里批王熙凤说"机关算尽太聪明，反误了卿卿性命"。这就是在告诉我们不要学王熙凤式的精明，世事复杂，我们不可能把每件事都弄得清清楚楚，这样做只会给你带来无尽烦恼，影响你的生活，所以做人还是"糊涂"点为好。

在风景如画的苏州，住着一位广告公司的米小姐，由于受父亲的影响，她对玄学有着浓厚的兴趣，以至于每次做生意或外出都要为自己占上一卦，看看运气怎样。有一次她要去韩国谈一桩十分重要的生意，在出发前，她在家里又为自己算了一卦，卦面上的内容还不算差，于是她高高兴兴地出发了。到机场买好机票，还有几分钟剩余时间，米小姐走到电脑算命机旁边，"名字叫米云，体重103斤，要搭2点35分飞机去韩国……"她深感吃惊，因为上面写的内容除了体重103斤比她实际的体重多两斤外，其他完全正确，她觉得有人在开玩笑，于是又踩上去，投了一块钱硬币，接着，又掉下来一张命运卡：你的名字还是米云，体重仍是103斤，你还是要搭2点35分的飞机去韩国……她更纳闷了，她想："其他一切都那么准确，为什么偏偏体重多出了两斤？肯定是有人在故意捣蛋。"

米小姐决定捉弄一下对方，她到大厅的洗手间里换了一件套装，并在化妆上也稍加修饰，她相信现在的她就是妈妈见了也要看上一刻钟才识得出来。她再次踩上算命机，投下了硬币，命运卡又掉下来了："你的名字还是米云，体重还是103斤，不过你刚刚已经错过了2点35分的班机。"

这个故事听起来似乎有些荒诞，但是在现实生活中，确实有很多人都想不开，爱较真，结果因对一个自己明明心知肚明的道理或事情过分较真而耽误了生命的班机。

有这样一句话："你自己眼中有梁木，怎能对你弟兄说：容我去掉你眼中的刺吧！"先去掉自己眼中的梁木，然后才能看得清楚，去掉你弟兄眼中的刺。一些女性之所以不幸，就是因为她们太过认真，也太过敏感了，对待生活有时几近一种病态的苛刻。而这种苛刻又在很多时候是不讲理或不正确的。

某地有一个又懒又喜欢谈论别人的妇人，一天，她看见邻居晒在阳台的白被单沾满了许多黑点，便嘲笑说："我看这家女主人连衣服也洗不干净，不会理家，只会吃饭。"哪知当她推开自家的窗户一看，邻居的被单洗得又白又干净，这才发现原来是自家的窗户污秽不堪。所以，为了不犯这样的错误，我们不妨"糊涂"一些，这样不但可以平静地原谅了别人，有时也是对自己的一种保护和释放。

糊涂，人生的大学问也。怎样艺术地、高明地糊涂，学问深也。清代郑板桥为排遣自己一时的不得志，便得出了"难得糊涂"的结论，并进一步指出，"聪明难，糊涂难，由聪明而转入糊涂更难"。

世人都愿当智者，不愿做糊涂虫，更不会心甘情愿地由聪明而

转入糊涂。事实上，聪明有丰富的内涵和不同的层次。而糊涂呢，也有丰富的内涵和不同的层次。认真地做些研究，就可以发现聪明有初级的聪明和高级的聪明之分，糊涂有低级的糊涂与高级的糊涂之别。

所谓顶级的聪明就是"糊涂透顶"的聪明，老子称之为"大智若愚"，即"真人不露相"。所谓初级的聪明就是表面化的聪明，荀子谓之"蔽于一曲，暗于大理"，即"浮精"。

所谓顶级的糊涂就是"聪明绝顶"的糊涂，孟子称之为"隐而不发"，即"面带朱相，心中嘹亮"。所谓低级的糊涂，就是从里到外的糊涂，俗称"木头脑袋"、"不开窍"，即压根儿的糊涂。

在这里，特别要引为警戒的是，从来就没有聪明过的人，千万不要侈谈糊涂，更不要去追求糊涂。正如常言所说："亡国之臣不敢言智，败军之将不敢言勇。"没有达到真聪明，还未摆脱低级糊涂的人，贸然地去仿效"聪明的糊涂"，那就真要糊涂到底、一塌糊涂了。不懂糊涂之奥妙的聪明，处处锋芒毕露，像无制动器的火车，极易肇事。

通晓糊涂之奥妙的聪明，正如火车装上了制动器，可以安全可靠地向目的地进发。

不知糊涂之奥妙的聪明，固执死理，不通人情，会像书呆子一样经常碰壁。

掌握糊涂之奥妙的聪明，能"合乎天理，顺乎人情"，是真正的明智者，处处受到欢迎。

"糊涂"是升华之后的聪明，是一种明哲保身的策略，如果你能学会这种"糊涂"之道，那么你的人生一定会更顺遂。

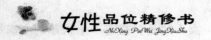
快乐与幸福同在

　　有些女人追求金钱、地位、名望，因为她们相信这会让她们生活得更幸福，其实这是对幸福的一种误解。幸福的感觉往往是与物质无关的，只要你学会调整自己的心态，同样可以快乐地徜徉在幸福的生活中。

　　她是一个三十来岁的女人，工作是程序员，每月有近 3000 元的收入，和丈夫住在一个小小的居室里。她和丈夫报名参加电脑培训班，每天准时上下班，每到周末或者叫上朋友去野餐，或者与丈夫一起看场爱情电影。她说："我很幸福呀！没觉得自己缺什么，最大的理想就是成为系统工程师！"这位女士幸运地拥有了幸福，她也再一次向我们证明了这种说法：幸福与物质享受无关，而是来自于一份轻松的心情和健康的生活态度。

　　如果你能试着从以下几个方面努力，你也会成为一个幸福的人：

　　（1）不抱怨生活而是努力改变生活

　　幸福的人并不比其他人拥有更多的幸福，而是因为他们对待生活和困难的态度不同，他们从不问"为什么"，而是问"我该做什么"；他们不会在"生活为什么对我如此不公平"的问题上做过长时间的纠缠，而是努力去想解决问题的方法。

（2）不贪图安逸而是追求更多

幸福的人总是离开让自己感到安逸的生活环境，幸福有时是离开了安逸生活才会积累出的感觉，从来不求改变的人自然缺乏丰富的生活经验，也就很难感受到幸福。

（3）重视友情

广交朋友并不一定带来幸福感，而一段深厚的友谊才能让你感受到幸福，友谊所衍生的归属感和团结精神让人感到信任和充实，幸福的人几乎都拥有团结人的天赋。

（4）持续地勤奋工作

专注于某一项活动能够刺激人体内特有的一种荷尔蒙的分泌，它能让人处于一种愉悦的状态。研究者发现，工作能发掘人的潜能，让人感到被需要和责任，这能给予人充实感。

（5）树立对生活的理想

幸福的人总是不断地为自己树立一些目标，通常我们会重视短期目标而轻视长期目标，而长期目标的实现能给我们带来幸福感受，你可以把你的目标写下来，让自己清楚地知道为什么而活。

（6）从不同情况中获取动力

通常人们只有通过快乐和有趣的事情才能够拥有轻松的心情，但是幸福的人能从恐惧和愤怒中获得动力，他们不会因困难而感到沮丧。

（7）过轻松有序的生活

幸福的人从不把生活弄得一团糟，至少在思想上是条理清晰的，这有助于保持轻松的生活态度，他们会将一切收拾得有条不紊，有序的生活让人感到自信，也更容易感到满足和快乐。

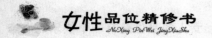

（8）有效利用时间

幸福的人很少体会到贸然地被时间牵着鼻子走的感觉，另外，专注还能使身体提高预防疾病的能力，因为每30分钟大脑会有意识地花90秒收集信息，感受外部环境，检查呼吸系统的状况以及身体各器官的活动。

（9）对生活心怀感激

抱怨的人把精力全集中在对生活的不满之处，而幸福的人把注意力集中在能令他们开心的事情上，所以，他们更多地感受到生命中美好的一面，因为对生活的这份感激，所以他们才感到幸福。

幸福是一种抽象的感受，是一种来自心灵的快乐和满足，它并不难得到，如果你愿意，你也一样可以拥有。

女人，别活得太累

现在的女人常有机会品尝"累"的滋味，工作太累、生活太累、感情太累，现代女性真的承受着那么大的压力吗？其实女人累主要是心累，过分心累是太多杂念所致。如果女人懂得清除一些不必要的杂念，她就一定会活得轻松愉快。

Shirly是一家跨国公司的财务总监，她拥有花园洋房、两部汽车，数不清的高级服装，每年来往于北京、香港、汉城、圣地亚哥之间，在外人看来这种要风得风要雨得雨的日子一定幸福极了。可

Shirly 却常向密友抱怨自己的生活："我觉得很累,我知道自己应当珍惜这份不错的工作,可当我发现再多的努力也很难换来更高的成就时,当我觉得自己像工蜂一样机械地忙忙碌碌时,就会觉得自己很可怜。"

累是女人改变现状付出的学费,女人正是通过累来实现自己的价值。有时候,累还是女人心理的一种需要,它让女人觉得充实。不了解这一点,就不了解女人。但人心的容量却是有限的,适当的累给人舒心的压力,体会到生存的意义。不过,当累超过人的承受,就会成为一件难受的事。

女人应学会驾驭累,不能让累摧毁自己。把握累的量是一门学问,女人的毛病是喜欢收集而不善于抛弃。女人应学会忘记,随时清除不必要的内存,不然,就会像电脑一样,装得太多,会乱码和死机。还有很多女人,她们的"累"是来自于感情,为了一份无望的感情苦苦坚持时,她们也就将自己推入了"累"的怪圈。

Brenda 爱上了一个花心男人,她知道这男人靠不住,这男人也多次说,他不适合做丈夫,甚至连好情人也不配,但她就是爱他。她主动与这男人同居,她想从结构上与这男人形成夫妻感觉,但很快这男人的热情消失了。他经常突然失踪,怎么也找不到。他失踪时,她的心很烦、很沉、很累,大脑一片空白。那男人消失后再现,是她最激动和最开心的日子。随后的再消失又令她心累至极,她讨厌这种生活,但又无法抛弃这种生活。她心累得难受极了。

实际上,这是一种误区,是她情感深处一个自我锁闭的死结。只要能从单恋的怪圈中突破出来,广泛结识异性,就会明白死死去爱一个不爱自己的人是多么愚蠢!爱需要对接。即使曾经热爱过,只要出现无法挽回的冷，就应理智地分手，并忘记那个冷了的人。如果硬要背着一个爱已死的僵尸走在情感路上，当然会被累死。要相信命运，离开一个不爱你的人，上帝会给你十个更好的选择。

每个人都有自己生存的轨迹，当你顺着自己的轨迹走得漂亮时，你就会感到心悦；反之，只要你越出自己的轨迹，生活就会冷酷地惩罚你。生命的意义不在于你做过些什么，而在于你是否做得精彩。

累是盐，完全缺少不行；放得太多，又会令人觉得苦涩。真正成熟的心知道减轻不必要的负荷，而且还具有非常的弹性。女人，别让自己活得那么累，当你喊累的时候，不妨先考虑一下，是什么给了你累的感觉，再看一看有没有改善的可能。完全感觉不到累的女人很难取得什么成就，但感觉太累的女人也早晚会被拖垮。

女人，不与自卑同行

上了一些年岁之后，有一些女人就开始自卑起来：马上就要失去年轻的财富；工作上的力不从心；先生的眼光也越来越多地停驻在年轻女郎的身上……信心在销蚀，美丽在流逝，心灵在起茧……其实你何必自卑，女人有经验，有能力，有岁月沉淀后的风情万种，告别了自卑，你就可以大踏步地走向成功。

自卑的女人大致分两种：

（1）消极地否定自己

这类女性有一种根深蒂固的自卑感，从一开始就否定自己。她们让自卑的感觉化为现实，承认并接受自己不如别人的事实，并且相信自己本身没有能力改变现状。

持这种消极观点的女性，很容易就会放弃个人的努力与奋斗，听任命运的摆布，以各种借口自欺欺人，为自己的失败辩护。

（2）自暴自弃

这类女性已经完全丧失信心，她们认为未来是一片黑暗，自己不会有任何前途，于是她们不惜以错误的方式去填补自己的自卑心理。

而这类女性若是执迷不悟，人生将是十分悲惨的。

那么怎样才能超越自卑呢？心理学家给出了以下建议：

（1）在潜意识中肯定自己

卡耐基曾经指出：信心是一种心理状态，是可以用成功暗示法诱导出来的。

我们都知道心理暗示的强大作用，因此对你的潜意识反复地灌输正面和肯定的语言，是发展自信心最快的方式。当你将一些正面、自信的语言反复暗示和灌输给自己的大脑时，这些正面的、自信的语言就会在你的潜意识中根植下来。

在做每一件事情前，不妨先静下来想一想，给自己一些积极、鼓励的语言，并且不断加以重复暗示，比如说：

"我会是个成功者的，因为在过去的日子里，靠我自身的力量，我凡事都能做得很好，即使有些困难，也只不过是生活在考验我的意志。"

"这次我一定会成功，我一定会成为我希望成为的人，只要我加倍努力。"

"没有什么能够阻挡我的，从来都如此，这一次也一样。"

你可以将这些话写在纸条上，贴在镜子上面，每天利用化妆的时间对着镜子念上几遍。不要以为这种方法是自欺欺人，实际上它对促进你的自信心有很大的帮助。

（2）从成功范例里汲取力量

榜样的力量是无穷的，成功人物传记和一些时代女性成功的事例，可以帮助你找到勇气和力量，从而增强你的信心。那些成功的女性也曾经历过信心不足、被挫败等打击，她们自信心的建立对你最有启发意义。

另外，你也可以多阅读一些励志类的书籍，这些成功自励的书籍，更是展现了许多成功女性的例证，从各个角度阐释成功的正确观念，这对增强你的信心也极有好处。

（3）自我鼓励法

克服自卑，主要还是要靠自我调节，当你感到自卑不如人，缺乏自信时，不妨从多方面分析分析原因，例如家庭出身如何？从小到大的生活环境如何？受到的教育如何？是否缺乏亲人与朋友的帮助？人生目标是什么？人生信念是什么？什么样的失败最让你痛苦？等等。

这样你便能找出缺乏自信的原因，每个人的条件不同，追求的目标不同，通过分析就不会因为某一时、某一方面不如人而变得自卑。

心理学家认为，把自己放在一个大环境中去分析，才会更容易

超脱。在整个社会中，可能有人会比你强，但一定有许多人比你的处境更差。从大环境中去分析，能让你从个人小圈子的局限中超脱出来，从渺小自卑的情绪中超脱出来。超越了局限和自卑，你便能更正确地肯定自己，从而树立自信心。

想一想你从小到大取得过的成绩，比如小学考了一次第一名、运动会为班级赢得过荣誉、考上了名牌大学、当过学生干部、学会开汽车、独立完成了一项任务、几次交友成功了、有一个体贴的丈夫、领导很器重你……

多花一些时间，将这些大大小小的成功如数家珍般地一一列举出来，当你看着这些成绩记了满满一页纸，可能会很惊讶，原来自己有过这么多的成功，这种体验能使人的信心大增。

自卑会耗损你的精力和时间，让你的生活和工作更不顺利。何必做这种傻事呢？只要你保持自信向上的心态就会发现，其实你也可以拥有很美好的未来。

女人，不必苛求完美

生活中见到过有很多的女人是完美主义者，她们希望自己所拥有的一切都是完美无缺的，但是世界上哪有十全十美的事情？于是她们只能在不完美里哀叹，给原本美丽的容颜蒙上了几成冷霜。

莉萨从小梦想当舞蹈家，却因暴牙让她不敢站上舞台，怕她的丑会被取笑。莉萨哭着去找父亲。

父亲看了看女儿，过了一会儿问莉萨是否还想当舞蹈家，莉萨说当然想。父亲建议莉萨，首先要勇敢的登上舞台。莉萨觉得她的暴牙，如果站上舞台会很没有面子，并请求父亲让她做整容手术。父亲说，整容后会失去她原来的面目，好看也会有负作用，如果一只乌鸦穿上孔雀的羽毛，即使看上去像孔雀，事实上，牠还是乌鸦。父亲鼓励莉萨勇敢的踏出第一步，不要有心理负担的站上舞台。

莉萨很担心上台后别人会取笑她，她也知道，不站上舞台她一辈子也无法实现当舞蹈家的梦想。父亲以升职为由，在家里举办宴会，并希望莉萨能为来宾表演舞蹈，莉萨开始很排斥，禁不起父亲一再的鼓励，莉萨最后答应了。一舞结束，全场响起热烈掌声，夸奖声不绝于耳，还有人说莉萨的舞姿很像现代舞创始人邓肯，尤其笑的时候露出牙齿，如天上明月玲珑剔透，连花儿见了都含羞。莉萨听了十分高兴，原来她的暴牙并不丑，反而是令人称赞的话题，她并不知道这场宴会是父亲特地为她安排的。经过这次的表演，让莉萨信心百倍，更想登上省城的舞台。

在省城的舞台上，有了自信的莉萨安然处之，全心的投入，她知道，她的暴牙也是她的特色，甚至可以吸引观众。

果然，一场表演下来，莉萨赢得众多鲜花与掌声。莉萨更有信心了，虽然她长得不好看，却自有其可爱之处。

莉萨的自信和把缺点变成优点，使她越来越热爱舞台。她时常参加演出，赢得荣誉与喝采。有人曾打趣说她，那么丑还出来见人。莉萨笑了，因为她知道自己是优秀的，如果外表好看却无法发

挥潜力，也只能注定是平凡人。莉萨不再刻意掩饰自己的暴牙，用她出色的舞蹈赢得大家的赞赏与爱慕。

追求完美几乎是现代女性的通病，然而不幸的是，有些人以为自己是在追求完美，其实她们才是最可怜的人，因为她们是在追求不完美中的完美，而这种完美，根本不存在。

一位女性激励大师曾做了一次演讲，她说有个有洁癖的女孩"因为怕有细菌，竟自备酒精消毒桌面，用棉花仔细地擦拭，唯恐有遗漏"。

这位有洁癖的女孩，难道不知道人体表面就布满细菌，比如她自己的手，就可能比桌面脏吗？

"我真想建议她：干脆把桌子烧了最干净！"

在一家餐厅里，也有对母子因为怕椅子脏，而不敢把手袋放在椅子上，但人却坐在椅子上。要上菜时，因为怕手袋占太多桌面，而让菜没地方放，服务员想将手袋放在椅子上，马上被他们阻止了："别忙了，我们有洁癖，怕椅子不干净。"

上完菜后，一旁的客人实在忍不住，问："有洁癖还来餐厅吃饭？自己煮不是比较放心吗？"

"吃的东西还不要紧，用的东西我们就比较小心了。"

天哪！这是什么回答！吃的东西不是更该小心的吗？手袋上的细菌会让人致命，还是吃下去细菌会死人？

一个孩子犯了一个错，母亲不断地指责，因为她要为孩子培养完美的品格，孩子拿出一张白纸，并且在白纸上画了一个黑点，问："妈，你在这张纸上看到什么？"

"我看到这张纸脏了，它有一个黑点。"母亲说。

"可是它大部分还是白的啊！妈妈，你真是个不完美的人，因为你只会注意不完美的部分。"孩子天真地说。

要求完美是件好事，但如果过头了，反而比不要求完美更糟。就像我们居住的屋子，永远不可能如展示厅那样整齐干净，如果一味地强求，反而会使居住成为噩梦一般，为了维持干净，难道我们不在马桶上大便吗？

世界上有太多的完美主义者了，他们似乎不把事情做到完美就不善罢甘休似的。而这种人到了最后，大多会变成灰心失望的人。因为人所做的事，本来就不可能有完美的。所以说，完美主义者一开始就在做一个不可能实现的美梦。

他们因为自己的梦想老是不能实现而产生挫折感，就这样形成一个恶性循环，最后让这个完美主义者意志消沉，变成一个消极的人。所以，培养"即使不完美，不上不下也没关系"的想法是相当重要的。

如果你花了许多心血，结果事情还是泡了汤的话，不妨把这件事暂时丢下不管。如此一来，你就有时间来重整你的思绪，接下来就知道下一步该怎么走了。"既然开始了就要把事情做好"这种想法固然没错，可是如果过于拘泥，那么不管你做些什么都将不会顺利的。因为太过于追求完美，反而会使事情的进展发生困难。

武田信玄是日本战国时期最懂得作战的人，连织田信长也相当怕他，所以在信玄的有生之年，他们几乎不曾交过战。而信玄对于胜败的看法实在相当有趣，他的看法是："作战的胜利，胜之五分是为上，胜之七分是为中，胜之十分是为下。"这和完美主义者的想法是完全相反的。他的家臣问他为什么，他说："胜之五分可以

激励自己再接再厉，胜之七分将会懈怠，而胜之十分就会生出骄气。"连信玄终身的死敌上杉彬也赞同他这个说法。据说上杉彬曾说过这么一句话："我之所以不及信玄，就在这一点之上。"

实际上，信玄一直贯彻着胜敌六七分的方针。所以他从 16 岁开始，打了 38 年的仗，从来就没有打败过一次。而自己所攻下的领地与城池，也从未被夺回去过。把信玄的这个想法奉为圭臬的是德川家康。如果没有信玄这个非完美主义者的话，德川家族 300 年的历史也不一定存在。要记得，不能忍受不完美的心理，只会给你的人生带来痛苦而已。

有些人总是勉强自己，不愿做弱者，只愿逞强，努力做许多别人期待自己却不愿做的事，这种人，才是真正的弱者。人一对你抱期望，你就怕辜负了人，硬是勉强也要实现承诺，到头来才发现，原来是自己太软弱。

从根本上必须承认的，是自己的心。只有承认软弱，才可能坚强；只有面对人生的不完美，才能创造出完美的人生。

荣获奥斯卡最佳纪录片的《跛脚王》，便是叙述脑性麻痹患者丹恩的奋斗故事。丹恩主修艺术，因为无法取得雕刻必修学分，差点不能毕业。在他求学时，有两位教授当着他的面告诉他，他一辈子都当不了艺术家。他喜爱绘画，却因此沮丧得不愿意再画任何人的脸孔。

即便如此，他仍不怨天尤人，努力地与环境共存，乐观地面对人生。他终于大学毕业，而且还拿到家族里的第一张大学文凭。

"我脑性麻痹，但是我的人不麻痹！"同是脑性麻痹患者，也是联合国千禧年亲善大使的小朋友包锦蓉说。

丹恩说，许多人认为残障代表无用，但对他而言，残障代表的是：奋斗的灵魂。

过于追求完美，你就会陷入无尽的烦恼中；而放弃对完美的苛求，你却可以过上一种富有意义的生活，怎样做对你更好呢？聪明的女人，相信你一定会做出正确的抉择。

凡事退一步想

女人经历了一些事情之后，就应该懂得不是做什么事都可以往前"冲"，必要时应该后退一步，因为这样做你才能发现海阔天空。

就像我们不可能让世界上的每一个人都满意一样，我们的生活不可能处处都是鲜花，我们的成功之路也不可能一帆风顺，我们也不可能事事都比别人强。

那么，在我们的人生不是一帆风顺的时候，在我们的人生出现一些挫折的时候，在我们的面前不都是鲜花的时候，我们该怎么办？

这时候，不妨后退一步，你会发现海阔天空，人生照样美好，天空依然晴朗，世界仍是那么美丽。

（1）公司里人事调整，你原想这次你肯定升职，可宣布各部门人选的时候，你侧着耳朵听也没听到老板念你的名字。这时，你先别生气，后退一步：毕竟没有被炒鱿鱼。然后想自己为什么没有提拔，如果的确不是你的错，那就是老板没长一双慧眼，没发现你

这颗珍珠，那损失的是老板而不是你。让他遗憾去吧！

（2）单位里职称评定，你差一点就评上了。可惜是可惜，但再可惜也没用了。这时，你后退一步：这次差一点，下次就一点不差了。那么，回去再努力一年。这一年，你就有可能做出惊天动地的成绩。

（3）被公司老板给炒了。这肯定不如你炒他心里那么痛快，老板炒你肯定有他的理由，但你别去问，一问显得你没劲。你后退一步：毕竟只是被老板炒了，而不是被坏人杀了，只要大脑在，双手在，天下的老板多得是，老天爷还饿不死瞎眼的家雀呢。实在不行，自己做老板。

（4）做股票。这支股票本来可以赚5万元，由于贪心，只赚了5000元。你别光骂自己蠢，后退一步：毕竟还赚了5000元，而不是赔了5000元。下次不要再太贪心就是了。要是这次赔了5000元，也后退一步：毕竟只赔了5000元，而不是全赔了进去，下次不犯类似的错误，再赚回他5万元就是了。

（5）生病。已经生病了，心情肯定不会很好，但心情不好对你身体的康复只有坏处没有好处，因而尽量使自己不要沉溺在生病不好的心理中不能自拔，后退一步：毕竟只是生病，那就趁这个机会好好休息一阵，平时难得有这样的机会。

人生在世，不如意的事情肯定会有，因为世界毕竟不是你一个人的世界，造物主尽量要公平一些，不可能把所有的好事都摊到你的头上，也要适当考验考验你，看看你在不顺的时间里会是一种什么样子。如果你反应过激，他还会继续考验你，直到你能以一种平和的心态去看待、对待一时的不顺或者挫折。

以一种平和的心态去看待人生的不顺和挫折，并非是一种消极的心态。在有时候，你后退一步，寻找到一种海阔天空的人生境界，这也是一种积极的心态。

不做坏脾气的女人

从生理角度来讲，女人比男人更容易冲动，更爱发脾气，她们很难容忍不如意的事，然而坏脾气不仅会伤害他人，还会伤害自己，因此，女人一定要学会控制冲动之下的坏脾气。

美国生理学家爱尔马通过实验得出了一个结论：如果一个人生气 10 分钟，其所耗费的精力，不亚于参加一次 3000 米的赛跑；人生气时，很难保持心理平衡，同时体内还会分泌出带有毒素的物质，对健康十分不利。

虽然人人都有不易控制自己情绪的弱点，但人并非注定要成为自己情绪的奴隶或喜怒无常心情的牺牲品。当一个人履行他作为人的职责，或执行他的人生计划时，并非要受制于他自己的情绪。要相信人类生来就要主宰、就要统治，生来就要成为他自己和他所处环境的主人。一个心态受到良好训练的人，完全能迅速地驱散他心头的阴云。但是，困扰我们大多数人的却是，当出现一束可以驱散我们心头阴云的心灵之光时，我们却紧闭着心灵的大门，试图通过全力围剿的方式驱除心头的情绪阴云，而非打开心灵的大门让快

乐、希望、通达的阳光照射进来，这真是大错特错。

我们是情绪的主人，而不是情绪的奴隶。

著名专栏作家哈理斯和朋友在报摊上买报纸时，那朋友礼貌地对报贩说了声"谢谢"，但报贩却冷口冷脸，没发一言。"这家伙态度很差，是不是？"他们继续前行时，哈理斯问道。"他每天晚上都是这样的。"朋友说。"那么你为什么还是对他那么客气？"哈理斯问他。朋友答道："为什么我要让他决定我的行为？"

一个成熟的人握住自己快乐的钥匙，他不期待别人使他快乐，反而能将快乐与幸福带给别人。每人心中都有把"快乐的钥匙"，但乱发脾气的人却常在不知不觉中把它交给别人掌管。我们常常为了一些鸡毛蒜皮的事情或者无伤大雅的事情而大动肝火，当我们对着他人充满愤怒地咆哮着的时候，我们的情绪就在被对方牵引着滑向失控的深渊。

有个脾气很坏的小男孩，动不动就乱发脾气，令家里人很伤脑筋。

一天，父亲给了他一大包钉子和一把铁锤，要求他每发一次脾气都必须用铁锤在家里后院的栅栏上钉一颗钉子。

第一天，小男孩就在栅栏上钉了30多颗钉子。但随着时间的推移，小男孩在栅栏上钉的钉子越来越少。他发现自己控制脾气要比往栅栏上钉钉子更容易些。

一段时间之后，小男孩变得不爱发脾气了。于是父亲建议他："如果你能坚持一整天不发脾气，就从栅栏上拔下一颗钉子。"又过了一段时间，小男孩终于把栅栏上所有的钉子都拔掉了。

这时候，父亲拉着儿子的手来到栅栏边，对他说："儿子你做得很好，可是你看看那些钉子在栅栏上留下的小孔，栅栏再也不会是原来的样子了。当你向别人发过脾气之后，你的言语就像这些钉子孔一样，会在人们的心灵中留下疤痕。你这样做就好比用刀子刺向别人的身体，然后再拔出来。无论你说多少次对不起，那伤口都会永远存在。"不良情绪不仅会让我们身边的人无所适从，受到伤害，也会让自己受到伤害。

所以，我们应努力管理好自己的情绪，以豁达开朗、积极乐观的健康心态工作，而不是让急躁、消极等不良情绪影响我们。不要让自己的情绪影响自己的心情，影响别人的心情，做自己情绪的主人，这是一个健康乐观的人要做到的最基本的一点。

如何改掉乱发脾气的坏习惯，让愤怒的情绪尽量远离我们，是幸福人生必修的课题。

首先，我们要积极调动自己的理智来控制情绪，让自己在愤怒的时候先冷静下来。当他人的言语或者行为刺激到你时，应强迫自己冷静下来，迅速分析一下事情的来龙去脉以及如果发脾气会给自己带来什么样的后果，然后再采取表达愤怒情绪或消除冲动的做法，尽量使自己不陷入冲动鲁莽、简单轻率的被动局面里。比如，当我们被别人无端地讽刺、嘲笑时，如果顿然暴怒，反唇相讥，则很可能引得双方争执不下，怒火越烧越旺，自然于事无补。但如果此时你能提醒自己冷静一下，采取理智的对策，如用沉默为武器以示抗议，或只用寥寥数语正面表达自己受到的伤害，指责对方无聊，对方反而会感到尴尬。

其次，我们在感到愤怒时还可以用暗示、转移注意力的方法。使我们生气的事情，一般都是触动了自己的尊严或切身利益，很难一下子冷静下来，所以当我们察觉到自己的情绪非常激动，眼看控

制不住时，可以及时采取暗示、转移注意力等方法自我放松，鼓励自己克制冲动。言语暗示如"不要做冲动的牺牲品"、"过一会儿再来应付这件事，没什么大不了的"等，或转而去做一些简单的事情，或去一个安静平和的环境，这些都很有效。人的情绪往往只需要几秒钟、几分钟就可以平息下来。但如果不良情绪不能及时转移，就会更加强烈，发怒者越是想着发怒的事情，就越感到自己的发怒完全应该。根据现代生理学的研究，人在遇到不满、恼怒的事情时，会将不愉快的信息传入大脑，逐渐形成神经系统的暂时性联系，形成一个优势中心，而且越想越巩固。此时如果马上转移，想高兴的事，向大脑传送愉快的信息，争取建立愉快的兴奋中心，就会有效地抵御、避免不良情绪。

女人平时不妨进行一些针对性的训练，培养自己的耐性，比如练字、绘画、制作手工艺品，等等，坚持下去，你的心态一定会平和许多。

生活不可能平静如水，人生也不会事事如意，人的感情会出现某些波动也是很自然的事情。可有些人往往遇到一点不顺心的事便火冒三丈，怒不可遏，乱发脾气。结果非但不利于解决问题，反而会伤了感情，弄僵关系，使原本已不如意的事更加雪上加霜。与此同时，生气产生的不良情绪还会严重损害身心健康。

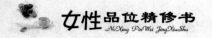

别让抑郁遮住快乐的阳光

　　工作、生活，都有可能让女人患上抑郁症。抑郁症是女性美丽的"头号杀手"。女性的心理相对于男性来说一般比较细腻，但正是这个细腻让各种"垃圾"、不愉快的心情在女性心里堆积，甚至会变质。随着生活节奏的加快，竞争加剧，女性的各种压力也越来越大，而女人正处于事业、家庭发展的关键期，如果不及时将各种不良的情绪驱散，抑郁离我们就不远了。

　　抑郁以心情显著而持久的低落为表现，严重的会伴有相应的思维行为的改变，进而形成抑郁症。

　　诊断抑郁症并不困难，但是病人的表现并不典型，核心的抑郁症状往往隐藏于其心理和躯体的症状中，含而不露，因而容易导致医生误诊、失治，甚至酿成严重后果。

　　你有过下列情绪或心理吗？

　　①人逢喜事而精神不爽。经常因为一些小事无端地感到苦闷，愁眉不展。

　　②对以往的爱好，甚至是嗜好，以及日常活动失去兴趣，整天无精打采。

　　③生活变得懒散，不修边幅，随遇而安，不思进取。

　　④长期失眠，尤其以早醒为特征，持续数周甚至数月。

　　⑤思维反应变得迟钝，遇事难以决断。

⑥总是感到自卑，经常自责，对过去总是悔恨，对未来失去自信。

⑦善感多疑，总是怀疑自己有大病，虽然不断进行各种检查，但仍难释其疑。

⑧记忆力下降，常丢三落四。

⑨脾气变坏，急躁易怒，注意力难以集中。

⑩经常莫名其妙地感到心慌，惴惴不安。

⑪经常厌食、恶心、腹胀、腹泻，或出现胃痛等症状，但是检查时又无明显的器质性病变。

⑫有的病人无明显原因而食欲不振，体重下降。

⑬经常感到疲劳，精力不足，做事力不从心。

⑭精神淡漠，对周围一切都难发生兴趣，也不愿意说话，更不想做事。

⑮自感头痛、腰痛、全身痛，而又查不出器质性的病因。

⑯社交活动明显减少，不愿与亲友来往，甚至闭门索居。

⑰对性生活失去兴趣。

⑱常常不由自主地感到空虚，自己觉得没有生存的价值和意义。

⑲常想到与死亡有关的问题。

以上19条，假若有一条特别严重，或数条同时出现，就很可能是抑郁症发作的征兆，一定要提高警惕。

抑郁症是一种危害很大的心理情绪。能导致患者丧失工作、学习能力，抑郁症患者一半以上有自杀想法，其中少数人最终以自杀结束生命。

抑郁的情绪有时是难以避免的，毕竟一个人的一生不可能一帆风顺，人在遭遇挫折时很容易就会产生不愉快、难过、怀疑自己、低落等各种抑郁情绪，但只要我们想办法把抑郁赶走，那我们就会看见灿烂的太阳。

（1）学会倾诉

当自己的情绪无法摆脱抑郁时，我们应该找人诉说，找朋友、找家人，不要碍于面子不敢把自己的脆弱展示给别人，让别人拉你一把，一切就将海阔天空。当然，最好的方法是找一位心理咨询师，将你的抑郁、你的烦恼全倒给他，当你的烦恼随泪水夺眶而出的时候，烦恼、抑郁都将烟消云散，阳光已经照进你阴郁的心中。

（2）悠闲假期

将工作、竞争甚至爱情全都放下来，给自己一个悠闲假期。旅游是放松心情的一个好办法。自然风光会接纳、消融我们的任何烦恼，阳光对人的情绪会有明显的效果，光疗是对付抑郁的一个不错方法。经常在阳光下散步，沐浴着温暖明亮的阳光，会令你感觉生活也随之明媚起来。运动如游泳、打球、跑步等，都会在劳顿肉体的同时松弛心情，当汗水流了一头一脸一身的时候，抑郁就被狠狠地排解了。

（3）听音乐

在你感觉情绪低落、精神紧张的时候，听一些欢快、舒缓、明朗、振奋的音乐会很有帮助。把心完全沉浸在充满阳光的乐曲中，思绪随之轻盈起舞，哪里还有烦恼和抑郁？

（4）运用色彩

因为抑郁者的心情本来就很低落，他们看世界的眼光已经带有

阴暗的色彩，这时无论是穿戴、化妆，还是生活环境的设计，能够主动接近和运用一些温暖积极的色彩，就可以起到调节情绪的作用。黑色、灰色、蓝色、青色，甚至白色这样的颜色，不宜过多使用，因为这些颜色会让情绪更低落。在服饰、房间色彩上选用一些愉快温暖的色彩，如粉红、橙色、淡黄、金色，等等，可以从外界环境上调动积极的情绪。

（5）食物疗法

人体内的血清素——五羟色胺可以帮助人稳定情绪，消除压力和紧张情绪。五羟色胺是氨基酸的一种，多吃富含氨基酸的食品有助于稳定情绪，对抗抑郁。鱼、虾、海参、螺类、奶制品、豆制品、坚果以及菌类都不错。

抑郁，遮盖了生活中的阳光，赶走抑郁，让我们的生活春光明媚，这应该是我们生活的目标，也是我们生活的动力。女人，你的生活中还有抑郁吗？那就赶快想办法把它赶走吧！因为生活需要的是阳光和快乐。

简单生活就是快乐生活

一直以来，人们不断地把各种有形、无形的东西加在自己身上，好让自己富有、充裕，让自己壮大、盈满，人们相信只有这样才能拥有幸福。然而，事实是我们想拥有得越多就会越烦恼，而简单的生活才能让我们快乐。

在报上读到一篇报道：信用卡滋生欠款一族，美国青年开始花"退休"后的钱——

约翰·唐纳德是休斯敦大学的一年级学生，他第一次在信用卡上签了名，得到了一件 T 恤衫。20 年后，他发现自己已经在 24 张信用卡上签了字，总计消费高达 16 万美元。

40 岁的米娜·霍尔度完蜜月回来，发现自己已经被老板炒了鱿鱼。她和丈夫不得不开始盘算如何偿付旅行以及购置新房家具的 46 万美元的贷款。

与以往其他年代的人不同，现在 18～40 岁的美国人都是伴随着债务文化成长的。这种文化是由方便易行的信用卡产品、持续繁荣的经济以及奢华的生活方式组成的。有关人士指出，现在许多美国人往往是靠欠单生活，利用信用卡和贷款，来支付餐馆费用，来购买高技术玩具以及新款汽车。有很多学生在他们大学毕业之前，就已经债台高筑。因债务缠身，不少人发现自己现在已经很难买得起房了。就像有人说的：我们得竭尽全力来偿还我们的欠款。

那么，这里到底出了什么问题？是信用卡不好，是"超前消费"不对，还是经济繁荣、高科技发展有罪？你看，什么手机、寻呼器、声音邮件、配有第二部电话线的计算机或者 DSL 的接头、因特网服务产品和掌上电脑，等等，可不都是高科技的产物？而这些东西又是年轻人最喜欢的，尽管它们价格昂贵。

还是一位美国女人自己说出了问题所在：电影、电视节目以及广告都在鼓吹这样一种观念——现代人有权享受丰富的生活方式。"在那疯狂的紧跟时髦生活的浪潮中，我们便不知不觉地陷入了金融的麻烦中。"

　　睿智的中国古人早就指出："世味浓，不求忙而忙自至。"所谓"世味"，就是尘世生活中为许多人所追求的舒适的物质享受、为人欣羡的社会地位、显赫的名声，等等。现代人追求的"时髦"、"新潮"、"时尚"、"流行"，使他们像被鞭子抽打的陀螺一样忙碌——或拼命打工，或投机钻营，应酬、奔波、操心……很难再有轻松地躺在家中床上读书的时间，也很难再有与三五朋友坐在一起"侃大山"的闲暇。忙得会忽略了自己孩子的生日，忙得没有时间陪父母叙叙家常……

　　可怜的人们，在电影、电视节目以及广告的强大鼓动下，"世味"一"浓"再"浓"，疯狂地紧跟时髦生活，结果"不知不觉地陷入了金融麻烦中"。尽管他们也在努力工作，收入也很可观，但收入也许永远也赶不上层出不穷的吸引你的消费产品。如果不克制自己的消费，不适当减弱浓烈的"世味"，他们就不会有真正的快乐生活。

　　"只有简单着，才能快乐着"。不奢求华屋豪宅，不垂涎山珍海味，不追名逐利，不扮贵人相，过一种简朴素净的生活，才能感受到生活的快乐，一种外在的财富也许不如人，但内心充实富有的生活，这才是自然的生活。有劳有逸，有工作着的乐趣，也有与家人共享天伦的温馨、自由活动的闲暇，还用去忙里偷闲吗？"世味淡，不偷闲而闲自来"。

　　空闲时，你不妨回想一下自己的生活处境，因为一味追求繁复的生活，我们吃了多少苦头！因此我们要懂得放弃和放手的艺术，要树立简单的生活观念，这样一来，生命就会向你展现出另外一个截然不同的景致和局面。

"简单生活"并不是要你放弃所有的一切。实行它，必须从你的实际出发。简单生活不是自甘贫贱。你可以开一部昂贵的车子，但仍然可以使生活简化。一个基本的概念就在于你想要改进你的生活品质而已，关键是诚实地面对自己，想想生命中对自己真正重要的是什么。

第六章

∨∨∨

女人的品位是懂得知足与感恩

女人对于"品位"二字的理解往往随着年龄的增长而更加深刻。太多的欲望是种累赘,品位不是"秀"给别人看的展览品,它只是自己的一种感受,当你懂得知足和感恩时,你就是最有品位的女人。

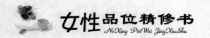
知足的女人才幸福

　　快乐生活其实说到底还是人的一种心态、一种态度，有句话说得好，欲望是痛苦的根源，无欲则无求，没有什么要求也就无所谓实不实现，哪还有什么好痛苦的呢？说这些，实际上并不是让天下人都无欲，那社会就无法进步。但我们完全可以折中一下，知足常乐。只要我们调整好自己的心态，对自己的生活、工作感到满足，我们能不时时享受到自己的快乐生活吗？

　　每个人都有自己的目标及梦想，40岁的女人更有自己的目标，这种想法无可厚非，因为每个人都有得到自己梦寐以求的东西的权利，但是这种执著的追求可能会造成困扰，那就是忽略了知足，忽略了珍惜，也就是忽略了身边美好的事物，忽略了享受生活本身。无论你的目标是变成人人羡慕的明星，还是变成百万富翁，或者成为人人尊敬的对象，都不能让这些欲望带你走上充满诱惑的路径。一旦未来比现在更有趣味，目的地的重要性就会比过程还高，于是你就会过于执著遥远的未来，而忽略了现在，但现在才是最美好、最难能可贵的。至于目的地，就算有一天你真能达到，也会发现它竟然如此乏味无聊，实在不如从远处看得那样好。

　　为什么呢？因为若要达到长期目标，你必须要做一定的牺牲，

但是如果这种牺牲过多，甚至剥夺了你现在应该享受的欢乐，那你就会走上自我否定的道路，从而你就会过上一种相当阴沉、毫无希望的生活，那样做一点也不明智，你用的是实实在在的现在去换取虚无缥缈的未来。所以，我们要知足，要珍惜现在拥有的一切。

过多地把眼光放在未来，就会把关注现在生活的时间给占用了。试着每一天让自己的生活更美好一点。如果你投注了足够的精力在你现在的生活上面的话，你可能会吸引更好的未来，而不是去刻意地努力追求。也就是说，你已经拥有了美好的现在，不必太过于处心积虑，美好的未来就会自动找上门来。

人的精力是有限的，工作与生活的关系似乎就成为矛盾，但谁又能说工作与生活不可兼得呢？只要我们摆正心态：在家全心全意地陪伴家人，在公司完全专注于工作。这样，我们在工作上的决策品质更高、更快速，本身也更有自信，而且在家也可以是一个称职的妻子和母亲。在工作和生活两者之间，选择一个中间点，使自己的心态达到平衡，珍惜现在的生活比一味追求未来更容易让人感到幸福。

"现在我就是最好的女人"。持这种心态的女人往往比较自信，也比较懂得享受现在的生活。但是还有很多女人都不知足，都在努力地让自己变成"更完美的人"，这样往往让自己失去了自己的个性，那个你期望成为的人就在你的身上，也许现在只显露了一部分，但是时机一到，你身上那个更好的人便会绽放光芒。

自信是你身上非常重要的部分，缺点是你非常宝贵的资源，如果你有缺点，一点一点地发掘它们，再让自己在解决缺点的同时逐渐成长。这将是一场艰苦的战争，你必须紧握拳头，与自己作战。但是这样又会造成自己对自己苛刻要求，不要太强求自己，以免造成自欺欺人，直至最后失去自己。

未来不需要你去改变自己，但是需要你的成长。你必须在你的内心进行不受拘束的坦白的对话，之后慢慢努力，继续维持，让自己成长。

对有的人来说，计划看起来很美好很合理，但是它仅仅是个目标和理想，只是内心对未来的一种期许。做计划有时候是必不可少的，但除此之外还有许多重要的事情需要你去完成：为了成长，你必须以轻松的态度看待计划，而且要快速学习。若能迅速地吸收新的想法，不墨守成规，就能让你的未来更加璀璨。成为活在当下的学习者要比专业的计划者更加成功。试想，科技以何等惊人的速度改变着我们的生活，而且这种趋势绝对会持续不止，即使是10年的计划也会显得跟不上时代的变化。生活的步调改变得那么快，制订计划的技巧可能在你还没有精通的时候已经过时了。因此，不要再固执于计划，不要再按部就班地要求自己，适时地改变，以一种轻松的态度去看待计划，那你的生活压力也就不那么大了。

如果你是一个追求洒脱的人，就去寻找那些能够自得其乐、生活得很有价值的人。如何找到这样的人呢？只要你自己也是那种自得其乐，懂得运用创意凸显自己价值的人。

一个懂得爱惜自己的女人，应该是懂得适时给自己减压的女人，所谓宠爱自己，便是时时刻刻对自己好一点，给自己做一顿大餐，给自己买一件平时舍不得买的衣服，和家人或朋友去远游一

次，或者就一个人去自己喜欢的酒吧或咖啡馆享受一个宁静的下午。

没有任何人可以给自己减压，唯有自己，把心态放轻松，把握现在的生活，享受已经得到的幸福。

知足常乐。人不能缺乏进取心和奋斗精神，但一味地追名逐利反而会得不偿失。只要努力过，且通过努力进步了，收获了，就不要对自己苛求。

知足就是对已经得到的东西或者愿望感到满足。知足常乐就是客观地认识和准确地判断已经实现的目标和愿望，并肯定目前的状态，从而始终保持愉快、平和的心态。知足常乐要求我们要有适可而止的精神，它并不是安于现状，不思进取，故步自封，而是对现有收获的充分珍惜，对目前成果的充分享受，也是对现有潜力的充分发掘，为今后的创新和进步提供平台。理性地进取应该以知足常乐的心态为基础。我们在生活中，往往总在考虑自己并未得到的东西，而忽略已经拥有的东西，以达到欲望的满足。不知足导致人们往往会用不正当、不符合伦理的手段来满足自己的欲望，而由此给人们带来的巨大精神压力和不良的社会效应也并不会带来"常乐"，这正是因为没有适可而止的精神和知足常乐的心态造成的。

"知足常乐"能使人心平气和，尤其是在遇到不平事，不公平待遇，心情感到委屈、憋闷或心理不平衡时，多想想已经得到的东西，多品味几遍这几个字，也许很快就能使心情轻松平和起来，将心中的不悦之情，满腹怨恨之气，在心平气和中悄悄释然，使心情由坏变好，达到神安又气顺的心理状态。

"知足常乐"能起到开导劝解的作用。记忆起"知足常乐"这几个字，就会自觉丢掉许多的俗语与贪心，使人变得更加理智与聪明。对人对事，对名对利，对钱对物，目光都能看得更远，使性格豁达与大度。

"知足常乐"，又似一剂心灵的良药，很唯物，很现实，也很见效与管用，它告诉人们一个普遍的真理：烦恼多与"不知足"有关。一些心理疾病与精神上的障碍形成，也多与一个人的气不顺、心不平、身心欠调理相连。若一个人能去掉了过分的私欲与贪心，变得知足知够，就会通情达理，就会少钻牛角尖。"知足"是"常乐"的前提，"常乐"是"知足"的结果。二者相辅相成，互为因果。

知足常乐正是无穷的欲望和有限的资源之间达到平衡后的状态，知足更是一种智慧，常乐更是一种境界，让我们怀着一颗知足感恩的心，享受成绩，享受家庭，享受生活，享受工作，感受快乐。

女人要远离虚荣

女人生来就具有虚荣心，这一点得到很多人的认同。从心理学的角度出发，虚荣心理是指一个人借用外在的、表面的或他人的荣光来弥补自己内在的、实质的不足，以赢得别人和社会的注意与尊重。它是一种很复杂的心理现象。法国哲学家柏格森曾经这样说过："虚荣心很难说是一种恶行，然而一切恶行都围绕虚荣心而生，都不过是满足虚荣心的手段。"

我们都学过莫泊桑的短篇小说《项链》，回想起来，总有一个疑问挥之不去：玛蒂尔德为了能在舞会上引起注意而向女友借来项链，最后在舞会取得了成功，但却乐极生悲，丢失了借来的项链，由此引起负债破产，辛苦了 10 年才还清这一个项链带来的债务，值得吗？

玛蒂尔德真是悲哀，为了一条项链，付出了沉重的代价，最后还被告知借来的项链是假的，真是巨大的讽刺啊！造成这一悲剧的主观原因却是她自己——因为爱慕虚荣。莫泊桑深刻描写了玛蒂尔德因羡慕虚荣而产生的内心痛苦："她觉得她生来就是为着过高雅和奢华的生活，因此她不断地感到痛苦。住宅的寒碜，墙壁的黯淡，家具的破旧，衣料的粗陋，都使她苦恼……她却因此痛苦，因此伤心……心里就引起悲哀的感慨和狂乱的梦想。她梦想那些幽静的厅堂……她梦想那些宽敞的客厅……她梦想那些华美的香气扑鼻的小客室。""她没有漂亮服装，没有珠宝，什么也没有。然而她偏偏只喜爱这些，她觉得自己生在世上就是为了这些。"

这就是女人的虚荣心。

另外，自尊心过强的人易产生虚荣心理。每个人都有维护自尊的需要，每个人都喜欢听恭维、赞扬的话，这在一定程度上是人的本性的显现。如果一个人的自尊心过于强烈，渴望获得别人对自己的重视、尊重和赞扬，而自身又缺乏过人之处，不具备足以令人称道的实力，就不得不寻求其他手段，以此满足自尊的需要。在此过程中，虚荣心理的产生在所难免。

私心过重的人容易产生虚荣心理。私心过重的人会时刻考虑个人的利益得失，总希望自己时时处处胜过别人、超过别人。为了达到这一目的，常常煞费苦心地营造或借用本来不属于自己的、虚假的荣誉来掩饰个人的缺陷和不足，以提高自己，显示自己的"过人之处"。

缺乏自信的人容易产生虚荣心理。虚荣心理的产生往往是那些缺乏自信、自卑感强烈的人进行自我心理调适的一种结果。某些缺乏自信、自卑感较强的人，为了缓解或摆脱内心存在的自惭形秽的焦虑和压力，试图采用各种自我心理调适方式，其中包括借用外在的、表面的荣耀来弥补内在的不足，以缩小自己与别人的差距，进而赢得别人对自己的重视和尊敬，虚荣心便由此而生。

处于特定社会文化环境中易产生虚荣心理。在人际交往中注意"脸"和"面子"，是人们长期形成的一种社会心理。所谓"脸"，

是一个人为了自我完善而通过形象整饰和角色扮演在他人心目中形成的特定形象；所谓"面子"，则是一个人在社会人际关系中依据对"脸"的自我评价，估价自己在别人心目中所应有或占有的地位。所以，"脸"和"面子"代表着人的荣誉和尊严。一个人要想有脸面，必须先成就大事，通过他的不平凡的作为而获得人们的赞同，形象才会随之高大起来。

所谓虚荣心，从心理学角度来说是一种追求虚表的性格缺陷，是一种被扭曲了的自尊心。在社会生活中，人人都有自尊心，都希望得到社会的承认，但虚荣心强者不是通过实实在在的努力，而是利用撒谎、投机等不正当手段去渔猎名誉。

虚荣心的产生跟自尊心有极大的关系。自尊心强的人，对自己的声誉、威望等比较关心；自尊心弱的人，一般对这些都不在意，但也不能因此就认为，虚荣心强的人一般自尊心强。因为自尊心同虚荣心既有联系，更有区别，虚荣心实际上是一种扭曲了的自尊心。人是需要荣誉的，也该以拥有荣誉而自豪。可是真正的荣誉，应该是真实的，而不是虚假的，应该是经过自己努力获得的，而不是投机取巧获得的。面对荣誉，应该是谦逊谨慎，不断进取，而不是沾沾自喜，忘乎所以。可见，当人对自尊心缺乏正确的认识时，才会让虚荣心缠身。

虚荣心理，其危害是显而易见的。其一是妨碍道德品质的优化，不自觉地会有自私、虚伪、欺骗等不良行为表现；其二是盲目自满、故步自封，缺乏自知之明，阻碍进步成长；其三是导致情感的畸变。由于虚荣给人以沉重的心理负担，需求多且高，自身条件和现实生活都不可能使虚荣心得到满足，因此，怨天尤人，愤懑压抑等负性情感逐渐滋生、积累，最终导致情感的畸变和人格的变态。严重的虚荣心不仅会影响学习、进步和人际关系，而且对人的心理、生理的正常发育，都会造成极大的危害。所以女人要努力克服虚荣心理。

克服虚荣心理要做到以下几点：

（1）端正自己的人生观与价值观。自我价值的实现不能脱离社会现实的需要，必须把对自身价值的认识建立在社会责任感上，正确理解权力、地位、荣誉的内涵和人格自尊的真实意义。

（2）改变认知，认识到虚荣心带来的危害。如果虚荣心强，在思想上会不自觉地渗入自私、虚伪、欺诈等因素，这与谦虚谨慎、光明磊落、不图虚名等美德是格格不入的。虚荣的人外强中干，不敢袒露自己的心扉，给自己带来沉重的心理负担。虚荣在现实中只能满足一时，长期的虚荣会导致非健康情感因素的滋生。

（3）调整心理需要。需要是生理的和社会的要求在人脑中的反映，是人活动的基本动力。人有对饮食、休息、睡眠、性等维持有机体和延续种族相关的生理需要，有对交往、劳动、道德、美、认识等的社会需要，有对空气、水、服装、书籍等的物质需要，有对认识、创造、交际的精神需要。人的一生就是在不断满足需要中度过的。在某些时期或某种条件下，有些需要是合理的，有些需要是不合理的。要学会知足常乐，多思所得，以实现自我的心理平衡。

（4）摆脱从众的心理困境。从众行为既有积极的一面，也有

消极的一面。对社会上的一种良好时尚，就要大力宣传，使人们感到有一种无形的压力，从而发生从众所为。如果社会上的一些歪风邪气、不正之风任其泛滥，也会造成一种压力，使一些意志薄弱者随波逐流。虚荣心理可以说正是从众行为的消极作用所带来的恶化和扩展。例如，社会上流行吃喝讲排场，住房讲宽敞，玩乐讲高档。在生活方式上落伍的人为免遭他人讥讽，便不顾自己的客观实际，盲目跟风，打肿脸充胖子，弄得劳民伤财，负债累累，这完全是一种自欺欺人的做法。所以，女性要有清醒的头脑，面对现实，实事求是，从自己的实际出发去处理问题，摆脱从众心理的负面效应。

一个有着正常思维的女人，都会有虚荣心，适度的虚荣心是可以催人奋进的。女人要正确对待虚荣心，让虚荣心成为一种前进的动力，不要让虚荣心盲目膨胀，并因此付出惨重代价。

助人就是助己

女人应该多学着去帮助别人。有时候，帮助别人是在做长期投资，在竞争日益激烈的社会里，多种下一分善因，你也就会多一分收获。

"助人就是助己"，请相信这一点，这样做了，你就会体会到它

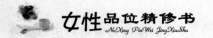

的妙处。

有一对中年夫妇，原本在同一个工厂上班，几年前，由于经济不景气，工厂面临着倒闭，两个人先后下岗了。好在夫妇俩平时待人就好，在街坊邻居中极有人缘，下岗不久，他们便在朋友们的帮助下，在小镇的商业街开起了一家火锅店。

火锅店刚开张时，生意较为冷清，全靠朋友和街坊邻居们关照，后来，由于夫妇两人的忠厚老实，又热情公道，小店渐渐开始有了回头客，生意也一天一天地好了起来。

也许是女主人慈悲善良的缘故，几乎每到吃饭的时间，小镇上行乞的七八个大小乞丐都会相继光顾这里。食客们常对主人说："快把他们哄出去吧，这些都是填不满的'坑'！"这时女主人也总是笑笑回应说："算了吧，谁还没个难处，再者你看他们风餐露宿的，也很不容易啊！"

人们常说，这两口子太善良了，从未见过小镇里其他店主能够像他们那样宽容平和地对待这些乞丐。若是其他店主们，一见到乞丐上门，就会扯下原本微笑的脸来，严厉地呵斥辱骂。而这夫妇俩则每次都会微笑着给这些肮脏邋遢的乞丐高举到面前来的盆盆罐罐里盛满热饭热菜，而且这些施舍又多是从厨房里取出来的新鲜饭菜。更让人感动的是，在他们施舍的过程中，没有丝毫的做作之态。他们的表情和神态十分亲和自然，好像他们所做的一切原本就是一件分内的事情似的。

一天深夜，服装市场里一家从事丝绸生意的店铺，由于打更老人早早睡去而忘记将烧水的煤炉熄灭，结果引发了一场大火。丝绸

化纤棉麻制品，市场里所有的物品几乎都是易燃的，加之火借风势，眨眼的工夫整个市场便成了一片火海。

这一天，恰巧男主人出去进货，店里只留下女人照看。一无力气二无帮手的女店主，眼看辛苦张罗起来的火锅店就要被熊熊大火所吞没，心急火燎。这时，只见那班平常天天上门乞讨的乞丐，不知从哪里钻了出来，在老乞丐的率领下，他们冒着生命危险将一个个笨重的液化气罐马不停蹄地搬运到了安全地段。紧接着，他们又冲进马上要被大火包围的店内，将那些易燃物品也全都搬了出来。消防车很快开来了，火锅店由于抢救及时，虽然也遭受了一点小小的损失，但最终还是保住了。

火灾过后，人们都说是夫妇俩平时的善行得到了回报，要是没有这些平时受他们施舍的乞丐们出力，火锅店恐怕要变废墟了。

佛家讲究善恶轮回因果报应，其实拿到现实生活中来，这种佛语所谓的"因果报应"只不过是心存感激的受惠者对施惠者的一种报答而已。

而从另一个角度来讲，助人的同时，也可以培养自己的实力。正如人们常说的："帮助别人往上爬的人，一定会爬得更高。"

美国的一个州，每年都举办玉米品种大赛。有一个农夫的成绩相当优异，经常是首奖及优等奖的得主。他在得奖之后，总会毫不吝惜地将得奖的种子分送给街坊邻居。

有一位邻居很诧异地问他："你的奖项得来不易，每季都看到你投入大量的时间和精力来做品种改良，为什么还这么慷慨地将种子送给我们呢？难道你不怕我们的玉米品种因而超越你的吗？"

　　这位农夫回答："我将种子分送给大家，帮助大家，其实也就是帮助我自己！"

　　原来，这位农夫所居住的城镇是典型的农村形态，家家户户的田地都毗邻相连。农夫将得奖的种子分送给邻居，邻居们就能改良他们玉米的品种，也可以避免风在传播花粉的过程中，将邻近的较差的品种转而传给自己，这位农夫才能够专心致力于品种的改良。相反地，若农夫将得奖的种子私藏，则邻居们在玉米品种的改良方面势必无法跟上，风就容易将那些较差的品种传给自己，他反而必须在防范外来花粉方面大费周折而疲于奔命。

　　就某方面来看，这位农夫和他的邻居们是处于互相竞争的态势，然而在另一方面，双方却又处于微妙的合作状态。事实上，在当今世界，如此既竞争又合作的关系日益明显。

　　日本公司在研发技术上，曾发展出不同层次间既竞争又合作的关系。因为基础科学的研究费用庞大，非一家公司所能单独负担，所以采取"基础合作，应用竞争"的模式，许多大厂合作开发某项技术，再站在共同的基础上相互竞逐产品的研发速率及成绩。如此一来，对大家来说都是利大于弊。今天，许多企业为了降低单独投资的风险，或是为了强化市场竞争的资本，纷纷寻求同行之间的相互支援，打破了过去"汉贼不两立"的游戏规则。而这一切说白了，就是我们现在常讲的"双赢"或"多赢"原则。

　　"赠人玫瑰，手有余香"，付出总会获得一定的报偿，一心只顾着自己不肯帮助别人的女人在社会上很难立足，因为没有众人的支持与帮助她就很难成就自己的事业。

知足与感恩是女人应备的情感

女人要学会知足与感恩，这是构筑幸福生活不可或缺的要素，即便你的境况不那么尽如人意，但只要你把知足与感恩放在心中，就能够找到幸福。

《达到经济自由的九个步骤》一书的作者奥曼，自己买得起名牌手表和服饰，开得起豪华跑车，也能够到私人小岛度假，却坦白承认她没有满足感，甚至有好友在旁，她仍然感到孤独。

奥曼说："我已经比我梦想的还要富裕，可是我还是感到悲伤、空虚和茫然。财富居然不等于快乐！我真的不知道什么东西才能带来快乐。"

像奥曼那样，为钱奋斗了大半辈子才悟出"有钱买不来快乐"道理的人不在少数。她如果肯在圣诞假期当中静下心来读读普拉格的《快乐是严肃的题目》这本书，她也许会感悟出感恩之心是快乐的秘诀。

普拉格的书中引述了一个观点：人之所以不快乐，就是因为人本身出了问题，把有问题的部分修理好就行了。根据他的看法，不知感恩是造成不快乐的一大原因。特别是在布施礼物的"快乐假期"里，他提醒做父母的应该好好教导孩子学会感恩与满足。他认为："如果我们给孩子太多，让他们期望越来越大，就等于把他们快乐的能力给剥夺了。"他认为做父母、做长辈的有责任要求孩子们学会从心里说"谢谢"。

知足也是快乐的重要条件。心理学家多易居说，佛家早就指出，人类不快乐的最大原因是欲望得不到满足与期望得不到实现，而普拉格则详细区分"欲望"与"期望"。他说："虽然欲望也许有碍快乐，却是'美好人生'不可或缺和无法消除的成分；期望则是另一回事，例如，我们期望健康，但得付出代价。"

比如，某一天你发现身上长了个瘤，你心怀忐忑找医师检查。一个礼拜后，当听到诊断结果是良性时，你会感到这一天是你一生中最快乐的一天。

事实上，这一天和你发现身上有瘤的那一天一样，生理上的健康情形并没有改变，但在精神上你却快乐得不得了。为什么？因为今天你并没有期望自己会很健康。

因此，我们能够也应该"欲望"健康，但不应该"期望"健康！就好像我们不应期望人生当中许多事：求职面试顺利，投资策略成功，甚至所爱的人长命百岁。他说，如果我们分不清"欲望"和"期望"，我们便会感到"失望"。期望得不到实现，不但会给我们带来痛苦，也会破坏我们的感恩心，而感恩的心情是快乐的必要条件。

所有快乐的人都心怀感恩，不知感恩的人不会快乐，而你期望越多，感恩心就越少。在期望获得满足的一刹那，我们必须想到那绝不是必然的事。既然如此，感恩之心会增加我们的愉悦，也会使

我们将来不至于不快乐。

如果你仍觉得自己不是一个幸福的女人，那么就看看下面的内容：

假如将全世界各种族的人口按一个100人的村庄且按比例来计算的话，那么，这个村庄将有：57名亚洲人；21名欧洲人；14名美洲人（包括拉丁美洲）；8名非洲人；这其中有52名女人和8名男人；30名白人和70名非白人；30名基督教徒和70名非基督教徒；89名异性恋者和11名同性恋者；6人拥有全村财富的89%，而这6人均来自美国；80人住房条件不好；70人为文盲；50人营养不良；1人正在死亡；1人正在出生；1人拥有电脑；1人拥有大学文凭。

如果我们以这种方式认识世界，那么忍耐与理解则变得再明显不过了。

也请记住下列信息：

如果今天早上你起床时身体健康，没有疾病，那么你比其他几百万人更幸运，他们甚至看不到下周的太阳了；

如果你从未尝试过战争的危险、牢狱的孤独、酷刑的折磨和饥饿的滋味，那么你的处境比其他5亿人更好；

如果你能随便进出教堂或寺庙而没有任何被恐吓、暴行和杀害的危险，那么你比其他30亿人更有运气；

如果你的冰箱里有食物，身上有衣可穿，有房可住及有床可睡，那么你比世上75%的人更富有；

如果你在银行里有存款，钱包里有票子，盒里有零钱，那么你属于世上 8% 最幸运之人；

如果你父母双全，没有离异，且同时满足上面的这些条件，那么你的确是那种很稀有的地球之人。

因此，为你现在所拥有的幸福欢呼吧，当然也不要忘记随时为幸福加温：

（1）保持健康，有健康的身体才有快乐的心情。

（2）充分休息，别透支你的体力。累则心烦，烦易生气。

（3）适度运动，会使你身轻如燕，心情愉快。

（4）爱你周围的人并使他们快乐。

（5）用发自内心的微笑和人们打招呼，你将得到相同的回报。

（6）遗忘令你不快乐的事，原谅令你不快乐的人。

（7）真正地去关怀你的亲人、朋友、工作和四周细微的事物。

（8）别对现实生活过于苛求，常存感激的心情。

（9）享受人生，别把时间浪费在不必要的忧虑上。

（10）身在福中能知福，也能忍受坏的际遇，且不要忘记宽恕。

（11）献身于你的工作，别变成它的奴隶。

（12）随时替自己创造一些容易实现的盼望。

（13）每隔一阵子去过一天和你平常不同方式的生活。

（14）每天抽出一点时间，让自己澄心静虑，使心灵宁静。

（15）回忆那些使你快乐的事。

（16）凡事多往好处想。

（17）为你的工作做妥善的计划，使你有剩余的时间和精力自由支配。

（18）追求一些新的兴趣，但不是强迫自己去培养一种习惯。

（19）抓住瞬间的灵感，好好利用，别轻易虚掷。

（20）在生活中制造些有趣的小插曲，制造新鲜感。

（21）如果心中不愉快，找个和平的方式发泄一下。

（22）泡壶好茶，找三两知己，随心所欲地畅谈一番。

（23）偶尔忘记你的计划或预算，随心所欲吧。

（24）重新安排你的生活空间，使自己耳目一新。

（25）搜集趣闻、笑话，并与你周围的人共享。

（26）安排一个休假，和能使你快乐的人共度。

（27）去看部喜剧片，大笑一场。

快乐，不是拥有得多而是计较得少

一个女人，应该懂得如何表现自己，成熟、优秀、文雅、娴静，各种气质与品位都可以在举手投足间得到最好的体现。女人，可以没有惊艳的容貌，但不能没有清新淡雅的妆容；可以没有模特儿般的形体，但不能没有匀称的身材；甚至可以没有优越家境的熏陶，但绝对不能没有忍耐、理解和宽容的良好品质。

女人，不管何时何地，要懂得以宽容的心去包容。善解人意、宽容大度、胸襟开阔是好女人所具备的品质，更是女人所不可或缺的品位。

西方谚语"别为打翻的牛奶哭泣"与中国的覆水难收有几分神似。事情既已不可挽回，那就别再为它伤脑筋了。错误在人生中随处可遇，有些错误是可以改正、可以挽救的，而有些失误就不可挽回了。面对人生中改变不了的事实，有品位的女人自会淡然处之。

很多时候，痛苦常常就是为了"打翻的牛奶"而哭泣，常留心结挥之不去。本来从容、豁达，行之不难，也不是什么大智慧，现在却成了社会的稀有之物，成了大智慧，真让人不解。

牛奶已经打翻了，哭又有何用呢？大不了重新开始吗！有那么难吗？女人需要爱更需要快乐，但快乐不是拥有得多而是计较得少。

人生之中，不如意的事已经太多，何不让美好的、真诚的、善意的留在心底，常怀感恩之心看待身边的人和事，笑着面对生活呢？

有的女人做事从不斤斤计较，总是有能力把复杂的事情简单化，简单的事情单一化，用一颗平常的心热爱生活，无欲无求，宠辱不惊。这何尝不是一种快乐，不是一种满足，又何尝不是一种超然？

或许你会说"站着说话不腰疼"，但是，在人生中，有那么多无能为力的事——倒向你的墙、离你而去的人、流逝的时间、没有选择的出身、莫名其妙的孤独、无可奈何的遗忘、永远的过去、别人的嘲笑、不可避免的死亡、不可救药的喜欢……与其悲啼烦恼，何不一笑而过？

记住该记住的，忘记该忘记的；改变能改变的，接受不能改变的。能冲刷一切的除了眼泪，就是时间，以时间来推移感情，时间越长，冲突越淡，仿佛不断稀释的茶。

如果敌人让你生气，那说明你还没有胜他的把握；如果朋友让你生气，那说明你仍然在意他的友情。令狐冲说："有些事情本身我们无法控制，只好控制自己。""我不知道我现在做的哪些是对的，哪些是错的，而当我要老死的时候我才知道这些。所以我现在所能做的就是尽力做好待着老死。也许有些人很可恶，有些人很卑鄙。而当我设身处地为他着想的时候，我才知道：他比我还可怜。所以请原谅所有你见过的人，好人或者坏人。"

快乐要有悲伤作陪，雨过应该就有天晴。如果雨后还是雨，如果忧伤之后还是忧伤，请让我们从容面对这离别之后的离别。微笑地去寻找一个不可能出现的你！

死亡教会人一切，如同考试之后公布的结果——虽然恍然大悟，但为时晚矣。

你出生的时候，你哭着，周围的人笑着；你逝去的时候，你笑着，而周围的人在哭！一切都是轮回！

人生短短几十年，不要给自己留下什么遗憾，想笑就笑，想哭就哭，该爱的时候就去爱，何必压抑自己。

当幻想和现实面对时，总是很痛苦的。要么你被痛苦击倒，要么你把痛苦踩在脚下。

生命中，不断有人离开或进入，看见的，看不见的；记住的，遗忘了的。然而，看不见的，是不是就等于不存在？记住的，是不

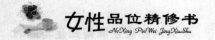

是永远不会消失？

　　说来奇怪，女人的心胸具有极大的伸缩性，这大概也算是世界之最吧。女人的心可以宽阔似大海，也可以狭小如针尖儿。生活中，相当一部分女人心胸比较狭小。但是，这有其深刻的社会历史原因：一是长久以来的社会分工。母系氏族社会崩溃后，由于生理方面的原因，女人的活动范围被限定在了较小的空间内；二是漫长的封建社会对妇女的歧视。几千年的封建社会给女人制定了许许多多苛刻的行为规范，女人必须足不出户，女人必须笑不露齿，女人必须循规蹈矩，女人不能够上学受教育，女人必须在家从父、出嫁从夫、夫死从子。女人还必须包裹小脚。女人的思维和行动范围被严格规范在了庭院以内。女人视野的狭窄决定了其目光的短浅和心胸的狭小。

　　心胸狭小是很多女人的致命弱点。从小处来说，心胸狭小不利于建立和谐温情的家庭关系，不利于形成良好融洽的人际关系，不利于身体和心理的健康。从大处来说，心胸狭小不利于女性家庭地位、社会地位的提高，不利于女性的彻底解放，不利于女性在事业方面的进步和发展。

　　女人知道如何去做一个心胸开阔的女人。她们会站得更高一些，扩大自己的视野。当我们近距离盯住一块石头看的时候，它很大；当我们站在远处看这块石头的时候，它很小。当我们立在高山之巅再来看这块石头的时候，已经找不到它的踪迹了。有了更宽广的视野，就会忽略生活当中的很多细节和小事。

　　女人会努力学习，做生活和事业的强者。忌妒总是和弱者形影

相随的，羸弱而不如人，便会生出忌妒他人之心，女人应当自尊自强，用自己的努力和能力去证实和展示自己。女人为什么不能像男人那样也成为一棵大树呢？

女人应学习正确的思维方式，学会宽容别人。和丈夫发生不愉快时，多想想丈夫对自己的恩爱；和朋友发生不愉快时，多想想朋友平素对自己的帮助；和同事相处不愉快时，多想想自己有什么不对；看别人不顺眼时，多想想别人的长处。

女人应设身处地替别人考虑，遇事情多为别人着想，多多关心和帮助他人。女人应加强个人修养，主动向身边优秀的人学习，善于取他人之长补自己之短，培养独立和健全的人格。另外，要多参加健康有益的社会活动和文娱活动。

心胸开阔、性格开朗、潇洒大方、温文尔雅的女人，会给人以阳光灿然之美；雍容大度、通情达理、内心安然、淡泊名利的女人，会给人以成熟大气之美；明理豁达、宽宏大量、先人后己、乐于助人的女人，会给人以祥和善良之美。聪明的女人，知道如何去做一个心胸开阔的女人。

人的一生中要遇到很多不顺心的事，女人同样如此。如果你遇事斤斤计较不能坦然面对，或抱怨或生气，最终受伤害的只有你自己。林黛玉最后"多愁多病"含恨离开人世，而薛宝钗得到了想要的男人。要知道，容易满足的女人，才会更加幸福。

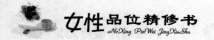

女人要会感恩

女人，应该对自己所生活的世界上的所有事物感恩，对自己身边所有的人感恩，只有这样，走在人生的道路上，才会感到快乐无比。

感恩是一种对生命的热爱，生活在感恩心态中的人，总会珍惜生命，而不是任意糟蹋自己和他人的生命。

感恩是一种对他人付出的理解、认可和珍惜。只有认识到他人劳动与付出的价值与意见，才能够学会感恩。

感恩是一种宽容、满足、健康的心态。感恩，来自于对人对事的宽容和理解，来自于一种回报他人和社会的良好心态。心态决定一切。拥有一颗感恩之心的人，会有一种心理上的满足，宽容大度，对小事不会斤斤计较，因此，也是一个幸福的人。

感恩是一种高尚的情感。感恩不仅仅限于一种表面化的感谢或报恩，而是一种对生活意义与价值的深层次反省、理解和感悟。感恩是一种敏感的、积极的生活感受。当我们陷于紧张、忙碌、浮躁的工作与生活之中时，我们会一步步地走向麻木。感受生活，记录幸福的一点一滴也是一种感激。当我们学会了感激，就懂得了生活。

如果我们时时能用感恩的心来看这个世间，则会觉得这个世间很可爱、很富有！树上小鸟的轻唱，太阳无私的光明与热能，路旁花朵的芬芳，都会令你心旷神怡。

在感恩节这一天，各种信仰和各种背景的美国人，共同为他们一年来所受到的上苍的恩典表示感谢，虔诚地祈求上帝继续赐福。

其实值得感恩的不仅仅是对上苍，我们对父母、亲朋、同学、同事、领导、部下、政府、社会等都应始终抱有感恩之心。

感恩就是不忘父母的养育之恩，当你伤心、难过、高兴……的时候，最先感知这一切能陪在你身边的是你的父母，中国有句老话："养儿方知父母恩。"母亲要经历十月怀胎、一朝分娩的历程才把你带到这个世界，父亲用自己的肩膀扛起这个家，做你世界、你眼中的第一棵参天大树。

感恩就是珍惜爱人相伴之恩，其实没有哪个人天生就应该无条件地为另一个人而付出，聪明的女人知道，对丈夫的疼爱、呵护、宽容，都应该心存感恩。是他给了自己一个温暖的家庭，让自己尽享人生的天伦之乐和男女之欢；是他给了一个宽厚的胸膛让自己有所依托，卸去满身的疲惫与烦忧。感谢身边的这个男人，是他陪着自己一起度过风风雨雨，陪着自己一起慢慢变老。

感恩就是不忘师长培育之恩，除了父母之外，在我们身上花费心血最多的就要数老师了。他们循循善诱地传授我们科学文化知识，他们谆谆教诲我们学习做人的道理和生活的原则，他们不辞辛劳地批改作业准备教案，他们为我们的点滴进步而欣喜，为我们的些许失败和错误而焦虑。老师是我们成长道路上的引路人，是我们在知识海洋里畅游的导航者。老师是我们生命中的大树，是照亮人生路程的明灯。老师头上的青丝变白发，老师把全部的爱都倾注在我们的身上，像蜡烛一样燃烧了自己照亮了我们。

要感谢的生命还有很多，感谢自己的孩子，是他们让女人真正感觉到做母亲的责任，他们让女人的一生充满了希望，他们让女人体验到身为人母的酸甜苦辣万般滋味。

感谢朋友和同事，有他们的理解、支持和帮助，人生的旅途中才充满了动力，生活才充满了和煦的阳光和温暖的春风。

聪明的女人应该学会感激，凡事感激，特别是对那些使自己成长的人，感激是品味生活幸福的重要途径之一。

聪明女人时时刻刻怀着一颗感恩之心前行，也时刻用自己的细心体贴、温柔多情回报着这些恩惠。

善于传情。感恩不在于形式，而在于心意，一个小小的动作，比如说一个微笑，一声谢谢，一件小礼物，永远是传达感恩之情的最好方式。在节假日或是纪念日里，聪明的女人会亲手做些小礼物送给亲人朋友，以表感谢之心；或是写一封"感谢信"，用最质朴的语言表达最真诚的情感，感谢他们慷慨无私的爱。

从爱家人开始，学会感激别人。怀着一颗感恩的心，在家里孝敬父母，理解爱人，关爱子女，在爱的包围中女人会觉得十分幸福和满足。在工作单位和社会上，与同事、朋友相处融洽，和他们一起分享快乐、分担忧愁，这样心中才会永远轻松快乐。

感恩之心使我们为自己的过错或罪行发自内心忏悔并主动接受应有的惩罚；感恩之心又足以稀释我们心中狭隘的积怨和愤恨；感

恩之心还可以帮助我们度过最大的痛苦和灾难。常怀感恩之心，我们也会逐渐原谅那些曾和你有过结怨甚至触及你心灵痛处的那些人；常怀感恩之心，我们便能够生活在一个感恩的世界里；常怀感恩之心，我们便会更加感激和怀想那些有恩于我们却不言回报的每一个人，正是因为他们的存在，我们才有了今天的幸福和喜悦；常怀感恩之心，便会以给予别人更多的帮助和鼓励为最大的快乐；常怀感恩之心，便能对落难或是绝处求生的人们爱心融融地伸出援助之手，而不求回报；常怀感恩之心，对别人就会少一份挑剔，而多一份欣赏！

感恩是一种处世哲学，是生活中的大智慧。人生在世，不可能一帆风顺，种种失败、无奈都需要我们勇敢地面对、豁达地处理。当挫折、失败来临时，是一味地埋怨生活，从此变得消沉、委靡不振，还是对生活满怀感恩，跌倒了再爬起来？英国作家萨克雷说："生活就是一面镜子，你笑，它也笑；你哭，它也哭。"

宽容就是善待自己

宽容是修养、是品德、是内涵、是心态。在宽容面前，争吵和计较大可不必，即使你拥抱着真理，也不妨学一些温柔，因为有朝一日说不定你也会犯一些不可挽回的错误。在宽容面前，赌气和忌妒都是不好的习惯，不能善待别人的长处和毛病，你将会养成叫别人难以亲近和忍受的坏脾气。在宽容面前，过激最值得商榷，除非你不打算继续交往。否则，还不如学会宽容，高山因为承受着土石树木，所以才变得雄伟；大海正是容纳了百川，所以方显得辽阔。要记住弥勒佛像两边的对联："大肚能容，容天下难容之事；开口便笑，笑天下可笑之人。"

如果对任何不顺心的事情都能一笑了之，生活中不开心的事就会减少。记住：退一步就是海阔天空。

当你学会了宽容，也就学会了善待自己，从而使自己保持了一颗平常的心，增加点浪漫的情调，培养点超常的品位，开拓一下自己的眼界，提高一下自己的生活质量。你会发觉，自己过得好了，一切也都好了。

你知道男人最怕女人什么？不够宽容。母亲的唠叨、妻子的管制、女儿的娇纵、女友的误解、女同事的挑剔。所以，男人期待来自女人的宽容。有了这种宽容，男人固然会沾沾自喜，但也容易安身立命，找到自己应有的位置，并且可以享受所谓的成就感。

（1）能够用心听男人夸夸其谈是一种宽容。男人在女人面前吹牛，往往不过是一种缺乏自信的表现。女人如果不能倾听男人，使男人的自信心难以建立就会崩溃。

（2）能够允许男人沉迷于一些没有意义的小事是一种宽容。比如拿打火机拆来拆去，比如日以继夜地打电脑游戏。男人往往通过这些癖好来达到心理缓冲。允许本身可能是更好的一种关切和

督促。

（3）能够放男人和朋友们消磨时光是一种宽容。因男人需要不时地回到年少时光，这是少年时逃避母亲过分的爱和关心心理的再现。再说，男人没有朋友，这一生就几乎注定了是一场悲剧。

（4）能够让男人和其他女人交往是一种宽容。男人天生喜欢寻找和欣赏异性身上的美，但并不是所有的男人都见一个爱一个。事实上，有好的欣赏力的男人，多半会很好地爱妻子。

（5）在男人不图进取时保持适当的沉默是一种宽容。能量守恒，男人的一生中很少能够永远一往无前。大多数男人总会有周期性情绪波动和行为上的调整。鞭打快牛的结果往往适得其反，男人并不总是需要激励。

（6）能够保持充分的生活调节能力是一种宽容。男人被女人生养、反哺不是男人的本能，男人常常用给女人买东西来表示情爱，实际上是他找不到更好的方式，更受不了整天关切女人的生活状态。

（7）能够自得其乐是一种宽容，男人最烦的是哄女人，所以虽然终日打麻将并不是女人的好习惯，却让很多男人松了口气。

男人在如此宽容之下，会张牙舞爪、得志猖狂吗？那也未必。因为男人一般都不会得寸进尺，来自女人的适度宽容往往是他最好的动力，不会领情的男人自然有，但那是少数。正常的男人会好好地珍惜来自女人的宽容，因为女人的宽容对男人来说是一种实实在在的需要。

对于一个女人来说，没有宽容的思想和精神就难以造就伟大的人格；对于社会来说，宽容是一种文明和进步。而在生活中，一个宽容的女人必定会给予男人鼓励，男人需要女人对自己的多一点宽容。

别拿小事儿太当事儿

很多时候女人容易为一点小事斤斤计较，比如公车上谁踩谁一脚，单位里谁说一句坏话，邻里间发生了一点小矛盾……不要以为女人在指责自己或别人一些小错误，是在损害别人，愉悦自己，其实女人常会因为这些小事而将自己弄得情绪恶劣。因此，我们要给女性朋友们一些建议，帮你摆脱小事的困扰。

（1）凡事退一步想

不要为过去的事情后悔，一件已经发生的事情，是永远无法挽回的。往事已成为历史，它并不因你的焦虑、悔恨和自我折磨而有所改变。

（2）重新审视你的价值观念

自己吹毛求疵，是因为你把许多无足轻重的事看得太重要了。实际情况肯定并非如此。在人的一生中，真正值得重视和谨慎处理的是那些足以改变命运的事件、机遇和挫折。人没有必要处处留神，那只会增加你的负担。

（3）拿人心比自心

自己提问："我可能遇到的最糟糕的事是什么？"这样你会发现自己的吹毛求疵是一种可笑的心理。

（4）不要把它放在心上

试一试把一些认为亟待处理的事搁置一边，努力忘掉它。一段时间以后，这件事也许果真就不那么重要了。时间的长河会洗掉许多生活琐事的痕迹，你如果为它付出了过多的精力，那么你的生命有很大一部分就被白白浪费掉了。

（5）把脑子用到自己的学习、工作和事业上

养成每天收听广播、阅读各种报刊书籍的习惯，广泛接受各方面的知识和信息，可以开阔自己的视野，提高自己的精神境界，增强自己的社会责任感。请记住：大事要清醒，小事不妨糊涂点。脑子里充满了大事，对小事就不会斤斤计较了。

（6）要接受大众，参加各种集体活动

不要当"套中人"，把自己关在个人小天地里。经常和老同学、朋友在一起谈谈心，就会增进相互的信任和了解，减少彼此的隔阂和误解，也会使彼此得到鼓励和帮助。真正的友谊是促使人奋发向上的一剂良药。

（7）培养广泛的兴趣和爱好

可根据自己的兴趣和特长，参加一些文体活动。比如欣赏音乐、绘画、集邮、摄影、下棋、听相声和进行各种体育活动，这不仅能丰富你的生活，而且可以培养你乐观、开朗和坚强的性格，增强对生活的信心和兴趣。特别是音乐，能给人带来欢乐、生机、勇

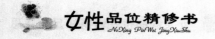

气和力量，驱散心头的烦恼和忧伤，对身心健康都是有益的。

学会把大事化小，小事化了，别把小事儿太当回事儿，死钻牛角尖硬较真儿只会伤害到你自己。

女人，你不是宇宙的中心

你知道女人使用频率最高的一个字是什么吗？是"我"。一些女人在聊天时总会以"我昨天……"开头；讨论问题又会说"按照我的想法……"指责男人最多的是"怎么不为我着想……"如此种种，不一而足。一些女人常会抱怨自己过得很糟糕，得不到别人的好感和亲近。这是因为她们总以自我为中心，就好像太阳是在围着自己转一样，这样她们就很难讨人喜欢和受人信赖。

人与人都不尽相同，每个人都具有自己的特点，也可以说每个人都是与众不同的。任何人都不要轻视自己，但也不能太高看了自己，而这么多性格不同的人生活在同一个社会里，要合作、要交往，我们就得适当磨平自己的棱角去适应不同的人，融入社会生活中。如果你总以自我为中心，不顾别人的感受，那你就一定会受到别人的排斥。

所以对女人来说，最重要的是学着放弃太自我的想法：

（1）对自己要有一个正确的估价，对自己的估价如果太高，其

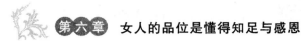

他人不但不买你的账，有时反而会贬低你。自高自大很有可能遭到其他人的嘲笑。不过，并非每个人的行为都只是出于优越的需要——坚信"自己是出类拔萃之辈"。因为有的人往往是为了补偿自己心中的弱小感和自卑感，而故意使自己在各方面都显得很出色。不过，最常见的还是颇为希望自己的重要性为周围人所承认——有时想过了头，甚至还会采取极端行动，而并没有扪心自问：我是否有资格让大家承认我的重要性？

心理学家指出，一个女性如果能够充分地认识到人与人是各不相同的，那么她就不会企图随心所欲地支配他人，同时还能设身处地为他人着想。

（2）一般女性很容易采取以我为核心的态度。也就是说，人们由于自身的欲望和恐惧，常常会无视对方的情感。不过，抑制自己的欲望以满足他人的欲望，是需要相互协作的社会成员的正确的生活态度，而且也是一种义务。一个女性如果不能调节自己的欲望，那么连给以她帮助的人，也会逐渐离她而去的。

（3）对于一个女性的生活来说，家庭成员似乎是一种怎么也挣脱不了的束缚。因为不管怎么说，家庭成员已经构成自己生活的一部分。所以，人们对家庭成员既怀有爱和责任感，与此同时，当个别家庭成员对自己横加指责、缺乏温情、态度粗暴时，相互间还容易形成对立，产生纠葛，甚至吵架斗殴。不管出于何种原因，家庭成员间相互怄气、相互刺激神经的事也时有发生。由于大家无法挣脱家庭这个框框的束缚，因此就更叫人感到心烦意乱。有许多外人可以一笑置之的事情，由于你是家庭的一员，因此便负有不可推卸

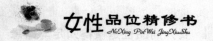

的责任。

这种场合,你若能努力了解对方的想法,洞察对方的心理,并且找出其原因的话,那么问题就不难解决,有时甚至还能取得圆满的结果。可是,要做到这一点,是相当不容易的。碰到个别家庭成员很难对付,你既不想躲避,也无法躲避的场合,你不能对其采取听之任之,放任自流的态度,而应该找出其变成如此的原因和动机,在真正了解其原因和动机的基础上,采取宽容的态度。与家庭成员发生口角、对抗或争辩,是不能解决任何问题的。你若能按照上面所说的去做,就能确保自己心灵上的安宁。实际上,对于每个人来说,不一味强调自己的立场,而是理解、宽恕和容忍对方,即摆脱以我为核心,那才是幸福的。

(4)把自己置于他人的立场上,不但不会丧失自我意识,相反还可使自己变得更加出色。为了吸收别人的观点以开拓自己的思路,为了把自己置于他人的立场上,把自己的感情转移到周围人的立场上去,就必须发挥机智、聪明和丰富的想象力。我们应该努力培养这方面的能力。

人与人是没有高低优劣之分的,大多数人也包括我们,其实都是普普通通的人,只要记住这一点,你就会渐渐变得具有同情心和忍耐性,你就会讨人喜欢、被人爱慕。

第七章
∨∨∨

NvXing PinWei
JingXiuShu

女人的品位是能够解放自己并走出去

　　女人应懂得随时去解放自己的心灵，让工作和生活的状态更加饱满。抛开一切阻碍自己的不良因素，去回忆自己曾经历过的愉快情境，从而消除不良因素，走出自设的圈子。

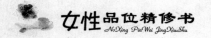

开创一片自己的天地

不得不承认，我们赶上了一个好时代。

面对遍地的机会，越来越多的女人也像男人一样有着强烈的创业精神，并因此拥有了一份属于自己的事业，开创了一片自己的天地。创业，给女人罩上了一道迷人的光环。

其实在赚钱方面，如果不是由于女人承担着过多的家务劳动的话，女人其实比男人有着更多的优势，这一点已经被社会心理学家所确认。据研究人员分析，女人在经商赚钱方面相对于男人有8大优势：

（1）女人在语言表达和词汇积累方面比男性强，一般女人都比男人口齿伶俐，而这正是生意人必备的条件之一。

（2）女人在听觉、色彩、声音等方面的敏感度比男性高40%左右，在竞争激烈、信息多变的生意场上，这也是成功者必须具备的良好素质之一。

（3）有人说"生意是一种高水平的数字游戏"，女人记忆力尤其是短期记忆力远远强于男人，在精打细算方面女人往往比男人详尽得多，这又为女人做好生意奠定了基础。

（4）相比之下，女人比男人更富有坚持性。比如在同样情况下对某一件事情，女人很难改变自己的观点，男人则相反，会很容易

放弃自己原先的想法。这说明，女人更接近于现代企业家的良好素质要求。

（5）女人发散思维能力优于男人，她们对某件事进行思维决断时，常常会设想出多种结果。而男人则习惯于沿袭一种思路想下去。发散思维能力，恰恰是新产品开发、企业形象设计等方面所需要的。

（6）女人的直观能力比男人准确。女人似乎有一种先天赋予的特性，她们对某些事、某个人常常不用逻辑推理，单凭直觉就能准确看透，而男人在这方面则望尘莫及，这就为女人在生意场中及时捕捉机遇提供了有利条件。

（7）女人比男人有更大的忍耐性。同样情况下，遇到同一问题，女人往往更有耐心，而男人则常常急不可待。生意人没有耐心是很难做好生意的。

（8）女人的操作能力和协调能力都比男人强。在如今科技高度发达的信息时代，越来越多的行业都在使用易于操作的电子化设备，女人在寻找工作方面开始显示出比男人更大的优越性。所以有人说："工业时代劳动者的典型形象是男性，在信息时代工作者的典型形象应当是女性。"随着历史的发展，此话的真实性将得到越来越多的验证。

尽管有这么多优势，但女人毕竟是女人，在那些创业丽人的辉煌背后，几乎都有着万千黯然的失败痛楚。收益与风险成正比，你准备好了吗？

创办自己的企业可能会带来非常诱人的回报。不过，在你决定辞职做老板之前，还应仔细思量。对做个领薪水的职员与自己当老板这一问题，不能简单地分为孰优孰劣。因为角色不同，所承担的责任与义务也不同，很难说哪一种更好。

无论何种行业，都需要掌握好专门的知识和拥有满腔的热情。只要你选定了自己的优势行业，凭你的美丽、智慧和能力，开创一片你自己的天地就不再是梦想！

认真对待你的工作

"工作也许不如爱情一样让你心跳，但至少能保证你有饭吃，有房子住，而不确定的爱情给不了这些……"这是现在颇为流行的一句话，事实也是如此，尤其是现代女性，很少有人甘愿当个全职太太。

但是很多女人并不能正确对待自己的工作，因为她们的心思并没有完全在工作上，也许在想着晚上吃什么，男朋友什么时候来接她下班，等等。这样一来，在工作中就感觉不到丝毫的乐趣，更别提在事业上能有所成就了，那只不过是她们打发无聊时间的场所而已。

也许你家庭富裕，也许你认为自己没有这个工作一样可以活得很好，因为你的老公能养着你，那你就错了。你的依赖只会让男人感到一时的怜惜，时间长了他就会觉得压力很大，而且你的父母也会因为你经济上的不独立而担心你的另一半会对你不好，你很难得

到他的尊敬。

其实，在这个社会上女人还是属于弱势群体，事业心强的女人更容易受到男人的尊敬，而且可以让女人少点对别人的依赖感，加强自己的独立性，拥有自己那片闪亮的天空。单身的女人还有可能在自己喜欢的岗位上遇到白马王子呢！

理性的工作还可以让你的思维变得灵活，同时扩展你的社交圈，让你的生活不再仅仅是围绕着老公和孩子转了。但这样不是说你就要没日没夜地加班，完全不顾家里，那老公也会有意见的。因此，平衡好家庭和工作的关系是最重要的。

这个世界并不只是男人的天下，其实女人天生心思细腻，有些工作做起来比男人更适合。只要在上班的时候倾注自己全部的精力，把自己的本职工作做得比别人更完美、更迅速、更正确、更专注就可以了。永远记住：认真的女人最美丽！

永远不要把家事带到工作岗位上，也永远不要把工作拿回家里去完成。

工作并快乐着

职场女人要树立"工作并快乐"的信念，当工作的烦恼突如其来时，必须要学会控制，要保持快乐的情绪和良好的心态。因为良好的心态是获取成功的恒定法宝，保持愉快的心情，工作就变得轻松而有乐趣。

（1）摆脱工作中的烦恼

凡是工作，都会有麻烦，会给我们带来压力，职场女人要学会调整自己，能够安排好工作，尽力摆脱工作中的烦恼。以下是几个好方法。

①设定目标

为了使工作有效率，必须要有所激励。最好挑一个明确、可量化，并能在一定时间内完成的小目标。目标的达成可使你重拾信心，再朝另一个小目标前进，这时你就会发现对工作越来越有兴致。

②控制压力

俗话说，"知足者常乐"、"心静自然凉"。身为职业倦怠的受害者，要减少压力，首先要找出焦虑的来源，并采取必要措施，以重新掌握你的人生。

③暂时回避

暂时把只会挑毛病的老板、永远办不完的公事、薪资少、工作无聊和没人肯定自己等不快的事丢在一旁。等你恢复工作意愿，更有能力接受挑战时，再去面对这些剥夺你信心和自制力的外因。

④转移焦点

时时提醒自己，你不是被雇来复制别人的行为的，而是来解决问题的。找出问题点，看看你是不是能想出不同的解决办法，也许这份工作的弹性比你想象得要高；或许你可以把工作变得更符合你自己的要求。

（2）走出工作低谷

女人在沉重的工作压力之下，出现"工作低潮"或"工作倦怠"已不是什么新鲜事。它们就像五线谱上高高低低的音符，总是埋伏在女人的工作情绪之中，伺机而动。比方说，你的工作部门即将改组，或被不合理的工作量压得喘不过气来，办公室人际关系如箭在弦，升官不成加薪无分，都可能使你陷入一片"愁云惨雾"之中。

工作低潮时往往有以下状况：连续好几天都无法顺利入眠，而早晨也时常在恐惧中惊醒，心中仿佛有块沉重的大石头压着。时常对着天花板发呆，脑中一片空白，没有办法提起劲儿工作，而且觉得无所适从。对目前的工作产生极大的厌恶感，并对同事有不满情绪，有一种快被逼疯的感觉。最近与人交谈总是心不在焉，跟不上谈论的话题，同时也对周围事物不感兴趣。在此你可以尝试以下几种走出低潮的捷径：

①寻找目标及意义

一个寻不着目标的人，就像多头马车一样漫无目的。因此，你必须先弄清自己工作的意义。一旦确定了，强烈的工作动机就会启动你的生命活力。所以，不妨试着将自己的工作目标写在纸上，不论是为了追求自我价值，还是要拥有一个温暖的家，都能鼓励你逐步前行。

②别忘记发泄情绪

不妨在笔记簿中记下几个在公司附近可以发泄情绪、振作精神的地方，如小公园、书店、咖啡厅、保龄球场等。当然，在双休日，你还可以约上三五知己去郊游，泡温泉、钓鱼、划船都是不错的选择，也许会使你的情绪有所放松。

改变四周的摆设，有些时候，杂乱无章的工作环境也令工作效率低落，所以，不妨将自己的工作空间设计成可以配合做事习惯的模样。除了让每份文件都有可以归类的地方，亦可利用一些颜色鲜艳的小海报、有趣的摆设或茂盛的绿色盆栽，来振奋工作心情。

③培养多种兴趣

社会变化快，科技日新月异。每个人都必须终身学习，才能调整工作上所遇到的困难。因此，最好是在工作之外，拨出一些时间培养其他方面的兴趣，例如阅读、画画或学习陶艺等。这不仅能使心灵与精神有所寄托，更让你拥有另一个成长的空间。

（3）心情愉快效率高

愉快的工作常会给人带来欢乐，不称心的工作能影响我们的个人生活，当我们回家后，几乎不可能把不愉快的事情丢到脑后。

专家研究表明，如果一个人得到"适当的工作安排"，换句话说，如果一个人的需求与工作相符，这个人很可能会对工作满意，会全身心投入工作。如此一来，这个人就不会常常称病告假，不会动辄辞职不干，工作质量也会更高。总之，这对每个雇员、雇主、管理人员都有好处。对于个人，它意味着有一个快乐的工作；对于公司，则意味着更高的利润。

进一步研究还发现，即使是收入可观、前程远大或者稳定可靠的工作，如果不能满足员工其他方面的精神需求，也同样不能提高工作效率。因此，专家们的结论是，能满足一个人动机需求的工作

就是带来快乐的工作。

快乐的情绪，可以让女人快乐地工作，也会把快乐传染给周围的同事。工作会让你忘记烦恼和忧愁，不要把工作当作一个苦差使，要时时想着工作带给你的快乐。

练就办公室成功女人的特质

如何在茫茫人海中脱颖而出？如何在办公室纷繁复杂的人际关系中游刃有余地生存？女人们应该拥有自己独特的个性，而以下这6个方面的特质正是办公室里成功女人必须要拥有的：

（1）清楚自己的定位

女人要在职场上担任要职，一定是很早就已经有"我要在职场闯出一番成就"的决心。她们不会有"等哪一天出现一个白马王子救我脱离苦海"的天真想法。

（2）勇于提出要求

你的主管不会主动关注你的需求，为你一步步规划好升迁之路。如果你有很强的企图心，最好主动让主管知道。除了直接向主管反映你在工作上发展的期望，也有一些方式，可以让主管察觉你的企图心。

（3）敢于踊跃发言

在一些以男性占多数的职场中，女人的意见往往会被湮没，成为"没有声音的人"。成功女人勇于发表意见，有条理地陈述意见，并且言之有物，自然能表现出权威感，也较能在同事中被凸显出来。

（4）懂得推销自己

在职场上，自我营销是绝对有必要的。在众多同事中，如何让老板发现你的企图心和专业能力，需要有一些主动的作为。成功女人即使主管没有要求，也会定期向主管报告工作进度。

（5）成功女人懂得边做边学

与男人相比，女人往往容易退缩，而要想成功的女人不应该错过任何表现的机会。即使你对一件工作不是完全熟悉，还是可以边做边学，即使做错，也能得到宝贵的经验。

（6）要求授权，担起责任

在职场上，老板最喜欢的员工，是可以放心授权的"将才"，而不是畏畏缩缩，无法担起大任的小兵。成功女人勇于接下大家都觉得棘手的项目，借着这些工作的洗礼，积累职场经验，并且激发自己的潜能。

"不怕没运气，只怕没方法"——找对方法，你会发现女人成功更容易。

别让性别阻碍了你的晋升

作为职场女人，你有没有想过为什么在职场中，男性扮演的角色通常会比女性重要？为什么在同等条件下，职场会更青睐男性而不是女性呢？为什么自己在职场打拼了这么多年，却总是得不到提升呢？原因当然是多方面的。

大家可能都知道，女性在职场上很多时候会受到轻视。从找工作开始，多数用人单位对女性提出的要求就非常高，处在相同水平上，公司可能就用男人了。女人必须要比男人优秀，胜出的把握才大些。

进入公司后，很多条件对女人不利，有的时候并不是你的业绩好，就能得到较高的回报。多数女人在工作经历中，隐约感觉到自己与男人是不同的，感觉到不被群体接受。面对职场的性别歧视，女人该如何对待呢？

其实，女人跟男人相比，具有很多与生俱来的优势。因为在强调团队合作的情况下，女人比男人具有更高水平的交往技巧。因此，职场女性可以利用自己的这种能力，在工作中更加充分地发挥自己的特长。

改变一个人的固有观念也许很难，比如对女性的轻视，但你首先要自信，同时展示你的业务能力，还有就是对企业文化的知晓。知道这个企业喜欢什么样的人以及他们的日常规矩，和一些不成文的规定。既不能整天埋头工作，不顾其他，也不能为了忙于职场的人际关系，而忽略基本工作。你要兢兢业业，对男性喜欢竞争的天性有所了解，更要对他们所主宰的企业文化有深刻认识。

女人要想在职场中取得更进一步的成绩，必须坚决摒弃典型的患得患失、优柔寡断的小女人心理，多多关注留意自己身边优秀的男性做事的决策过程，分析他们的决策思维，并取其精华，弃其糟粕，久而久之自己做事的方式也会受其"感染"，从而提高自己做事的效率。

此外，要想升职别忘了一点，就是要不断地付出。因此应该从以下几点做起：

（1）改变形象

改变心情不妨从改变形象开始，大家是否记得获得奥斯卡金像奖的影片《前妻俱乐部》中的主人公，当她们为自己讨回公道时，改变形象成了至关重要的一点。可见形象对人的重要性。

（2）运用智慧

工作时难免会遇到困难与挫折，这时，如果你半途而废，或置之不理，将会使公司对你的看法大打折扣。因此，随时运用你的智慧，或许只要一点创意或灵感便能解决困难，使得工作顺利完成。要充分发挥自己的聪明才智，做一些自己觉得有意义、有价值、有贡献的事，实现自己的理想与抱负。马斯洛认为这种"能成就什么，就成就什么"，把"自己的各种禀赋一一发挥尽致"的欲望，

就是自我实现的需要。

（3）扩大自己的工作舞台

有空时到自己不熟悉的部门看看，了解其他部门的工作性质。多接触其他部门的同事，扩大自己的人际交往圈子。

（4）施展你的人格魅力

在大多数人眼里，人格魅力是最不可捉摸的神秘因子，是一种神秘得近乎神奇的事业推进剂。它是一种迷人的气质和个性魅力，它会让你得到别人的支持，并成为领导者。

（5）过硬的业绩

工作业绩是衡量一个人在工作中综合素质高低的砝码。突出的工作成绩最有说服力，最能让人信赖和敬佩。要想做出一番令人羡慕的业绩，就要善于决断，勇于负责；善于创新，勇于开拓；善于研究市场，勇于把握市场。唯有如此，企业的帆船才能在市场经济的大海中"以不变应万变"顶住风浪；或能"见风使舵"乘风破浪，越过激流，避开商战"陷阱"，使企业立于不败之地。当你力挽狂澜以骄人的业绩振兴企业时，你的影响力顺理成章地达到了"振臂一呼，应者云集"的地步。

（6）让人信任你

如果在办公室里你能表现得幽默活泼，善解人意，豁达开朗，让异性同事充分感受到与你共事的幸运和兴奋。那么，各种回报将随之而来——邀请你做女嘉宾，参加盛大的年会；在你遇到难题时会有人鼎力支持……原因很简单，你的亲和力让他们觉得你是一个值得信任的好女人。

其实，命运往往把握在自己手中，只要用心努力了，就一定会有回报。面对晋升的不公平，女人要善于为自己创造条件，勇于为自己争取机会，充分发挥女人的优势，弥补自己的不足，为自己的晋升扫除重重障碍。

女人自身的优势，再加上出色的工作能力以及了解公司的企业文化，一个能为公司带来很大业绩、对公司发展作出很多贡献的女职员，老板有什么理由不升你的职呢？

在不断地挑战中实现自我

对于工作，最大的乐趣就是它给你自己带来的成就感，那些懂得享受工作的人几乎都有这样一个态度：要么不做，要做就把它做到最好。要想在职场中有所成就，你就必须让自己时刻努力，尽可能地把每一件事都做到极致，那些习惯于敷衍了事、不思进取、没有责任心的人，不仅谈不上成为什么职场丽人，工作对她们来说简直就如"洪水猛兽"，哪有什么乐趣可言？与其这样，还不如回家抱孩子呢！

不要以为"身为女人"就可以放松对自己的要求，你毁了工作，工作照样可以毁了你。有品位的女人就应该把挑战当成乐趣，在巨大的成就中去实现自我。

尽管在很多单位里面你要打入主流群体并非易事，但只要你努力，不甘平庸，勇于接受任何挑战，依旧有可能成功。以下推荐7种策略和技巧，可有助于你早日实现梦想。

（1）首先反思你自己

不要因为以前你的或别人的不愉快经历而对每个人都存有敌意。要根据面临的新情况而作出具体判断。

（2）广交朋友

结交朋友，建立社交圈，寻求前辈的指导，对每个人来说都是基本的职业技巧。如果你是一个"局外人"，这些就尤为重要，遗憾的是做起来很难。

成功打入圈子的局外人都认为，你必须让主流文化的人们和你自然相处。你必须放下自己的架子，充满自信地参与社交活动，接受对你表示友好的人们的提议。

（3）强调积极正面的东西

你必须拥有能成功的技巧和知识，这一切就是你被雇用的原因。但是如果你不是企业主流群体中的一个成员，你就得有些额外的素质。试试下述方法：

一是，了解你所在领域内的最新潮流，想办法应用在你目前的工作或你希望做的工作上；二是，敢于冒险，勇于决策；三是，抓住一切机会，调动或者被指派到和公司目标直接相关的第一线工作上，强化你的书面和口头表达能力；四是，认识到你的文化背景所具有的力量。

（4）善于表现自己

让公司知道你可以做些什么。即使你是一个成就非凡的人，你也不要指望被别人发现或者认识。为了取得进展，你得让人们知道你是谁，你做了些什么。

沉默寡言，严格信奉权威，不愿听取建议，害怕"出人头地"，与主流群体的人们无法和谐相处，如果你想使自己更引人注目的话，所有这些就是你必须克服的文化障碍。

（5）善于接受，不要牺牲

让你的观点和公司文化相适应。要从局外人变成局内人，并且真实地对待你自己，你必须懂得"接受"和"牺牲"之间的区别。你得做到：

认识哪些文化特征是你不能放弃的，哪些是你愿意调适到符合公司文化的。不要把为公司文化而作出的改变或调节视作放弃或让步，而要看成是适应新环境的一种方式。不要让你所在群体的其他人为你下结论，该在哪里画一条线，你得自己作出决定。

如果公司歧视你的文化，如果公司的价值观直接和你的文化发生了冲突，如果你现有的职位不足以充分展现你的才能，那么如果你留下来的话，可能就要做出牺牲了。

（6）知道你自己的权利

如果你认为你遭到不公平的对待，你该怎么办？你可以尝试自己解决问题。或者你可以依照公司制定的程式，或者找来同盟者帮忙。如果遇到非法歧视，你可以考虑采取法律行动。在你采取法律手段之前，务必仔细斟酌你将在精神上、事业上和经济上付出的代价。

另一种选择是辞职。另谋他就，找一个在企业文化方面更适合

你的工作。如果辞职比留下来付出的代价更大，那就调整心态，继续干下去。

（7）要有远见，并为此作出计划

有些女人认为该来的都会到来，她们的才华能确保自己的成功。这种宿命等待的态度可能会失去更多机会。因此，你还要做得更多。如果你想有所作为，除了你目前的技能，还得为了自己的利益多积极行动。

为了推动你的计划，你得把你将来 10 年要实现的目标写下来。然后就是行动起来，实施计划，把目标变成现实。

最靠得住的资本是能力

人无千日好，花无百日红。青春总在你不经意间悄悄逝去，容颜在岁月的剥蚀之下更难长久。那么女人最靠得住的资本是什么？是自己的能力！

在市场经济条件下，知识是有价的，美丽也是有价的，脸蛋、身材、一颦一笑乃至风韵气质都有价，只是这种价值不像知识和能力一样，会随着年龄和阅历的增加而增长，它会逐渐消失，甚至一文不值。

青春和姿色对女人来说确实是两件法宝，给女人的生活和事业带来了许多方便，但它们是短暂的，终有消逝的时候。女人要想获得成功和尊严，还是要靠自己的能力。

有品位的美女懂得将美丽转化为资本，在市场中升值，美丽加智慧才是真正的强强组合。

这仅仅是对于单身的美女来说的，相对于热恋或正在感受婚姻幸福的女人来说，独立的能力绝对是美女们增值的最大法宝。

那么，美女们如何才能拥有这种独立的能力呢？两个方面——精神与物质上的独立，它们缺一不可。

精神上的独立对于女人来说是最重要的，因为大多数男人是活在物质中的，而大多数的女人却是活在精神里的。女人的精神世界是在无比神秘和无比丰富的内心里，女人精神方面的独立是对自己的认定，当女人的精神世界被别人支配时，这个女人就十分悲哀。

千万不要担心因为你精神上的独立而遭到男友或者老公的抱怨，你要记住：独立的女人是男人的良师益友，也是男人心头一颗永远的朱砂痣。他们会因为你的独立、不卑不亢、没有轻佻的奴颜媚骨、没有市井泼妇的尖酸泼辣而越发地欣赏你的与众不同，越发地珍惜你。

女人只要学会了在精神上的独立，完全按自己的感觉来操纵自己，学会遇事冷静，临危不乱，就能拥有独立的头脑与能力。

当然，在这个物质世界丰富的社会，物质上的独立也是不容忽视的。任何一个女人都不愿意在接受男朋友或者老公钱的时候，他们脸上所流露出的一丝一毫的不屑！所以，拥有独立能力的女人都

会拥有自己的收入，哪怕是仅够自己消费，那也是值得自豪的事情。

放下美貌与身段，投入到一份得心应手与热爱的职业上去，你不但能够收获物质上的独立效果，还能收获众多的人生乐趣，让你享受创造价值的愉悦以及感触社会的进步。当然物质上的独立个性还不止这些，对于一位要强的女人来说，积极进取才是物质独立与自身价值最完美的结合。

具体做法，相信众多的女士都尝试了，而且效果显著：

（1）积极承担责任与职务，让众人刮目相看

（2）敢于踊跃发言，显示大方文雅的一面

（3）懂得推销自己，展现自己的工作能力，颠覆自己徒有其表的"花瓶"形象

（4）虚心接受意见，自傲是自我价值的自贬

相信吗？你的美丽人生将从你独立能力的提高开始，逐渐地让自己拥有更深刻的内在魅力与能力，让你的价值在青春美丽的基础上无限倍增。

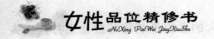

愉快而简单地工作

许多从年轻走过来的女人们都很明白工作对于生活、对于幸福的意义。她们能深刻领悟到工作不但能维持生活，更是爱情和幸福最基本的保障。

为什么女人即便不缺钱也应去工作呢？因为工作是女人的一种生活方式，除了可以拿一份薪水，满足自己的成就感之外，还能在男友（老公）面前保留更多的自尊，更重要的意义就是还能交到一些可以一块儿逛街、闲聊八卦的"闺密"。而对于一向爱美的女人来说，称心的工作也能保养女人，它较之多吃水果、多做保养、多喝水、多做健美操来保养的效果有过之而无不及，这些绝对是最有诱惑力的工作理由。

那么，为什么有的女人在工作中兴趣全无，感觉既乏味又困难，备受工作之苦呢？当然这与心态有很大关系，她们首先对现在所从事的工作或职业感到不满，因为她们不喜欢现在所从事工作的类别或者强度，另外也可能她们根本就是被迫工作的，当然也不能排除那些为工作操劳过度的情况。

当然我们对于被迫工作的那些女人们惋惜，同时也不得不让她们认真领悟前面提到的工作的必要性，只有这样，她们才能将工作

变为一件愉快的事情，从而解除心中的不满，轻松起来。

而对于那些不喜欢所从事工作的类别或者强度的女人们，我们也只能报以同情，因为对于工作而言，它本身就是一种互选，如果你有能力去选择你所喜欢的工作，那么恭喜你，你肯定不会出现不愉快的工作情绪。而那些现在仍然对工作保有意见的美女们，首先应该接受现实，改变自己，让自己能够尽快地融入到工作之中去，找到正确的方法和心态，相信你迟早会认为工作是一件再简单不过的事情了。

对于那些操劳过度的女人们，我们只能是安慰，你的卖力无疑能够证明你的能力，然而工作还是要适度，作为一个女人别太努力过头了，在工作的同时也应该给自己、给家庭一个很好的交代，不能太偏重于事业，否则工作方面的苦恼也会伴随着你。

当然，上面所提到的是一些具体的处理办法，不过归根结底还是心态问题，对于如何能够愉快而简单地工作，我们首先需要弄明白一个问题：为何而做。

据心理学的研究发现，EQ 高手在回答"为何而做"的问题时，先冒出来的答案总是"It's a lot of fun!"而不论其工作的内容是文书处理、业务交涉，还是创意开发。换句话说，他们深切地懂得"为乐趣而做，而非为钱而做"的道理，并拥有在工作中感受快乐的能力。那么，如何能够在看似单调枯燥的工作中，找到乐趣呢？这才是问题的关键所在。

乐趣不是你费尽心力"找"来的，而是体会出来的。心理学家提醒我们，快乐的动力来自心底，而非建立于外在的收获。

　　那些懂得"找"乐趣的人会给快乐设下条件："等我完成工作就会快乐"、"等我赚够了钱就会开心"或"等我换了上司就会高兴"。所以，她们积极地追求目标，一心一意地想往快乐的道路大步迈进。而正是在这种快乐的状态下，工作自然而然地简单起来，你也会真正领悟工作中的愉快了。

　　有一句话最能解决女人现在所面临的问题："不要太把工作当回事，也不要太不把工作当回事。"只要真正领悟了这句话，你就能快乐而简单地工作了。

第八章
∨∨∨

女人的品位是上得厅堂下得厨房

　　男人要找个既能上得厅堂，又能下得厨房的老婆。虽然要求两者兼具，但按照语言的顺序可以看出，上得厅堂要远比下得厨房重要。要合乎这个标准，现代女性需要气质脱俗、爱好广泛、知书达理，在家里还要学会做个"小女人"。

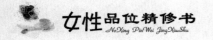

善做贤妻与良母

女人最重要的角色是什么？答案是贤妻良母。不管你愿不愿意承认，但这就是事实。你就是家庭的轴心，称职地扮演好你的角色，家庭生活就会越来越幸福。

在精神上，由于一个女人每天都要抚育自己的孩子，所以应该能体会到做一个母亲的幸福。之所以用"应该"这个词来表示推测及不确定性，因为在这个时期的妻子担负着人妻与人母的双重角色，如果任何一个角色不称职就会出现家庭矛盾。

从一个女孩到一个妻子，再从一个妻子到一个母亲的角色变化过程就只发生在这么短短的几年之间。姑娘犹如花蕾，妻子犹如绽放的花，而母亲犹如结出的果实，这个过程十分迅速，甚至迅速得让人很难适应。

而且，从女孩到妻子再到母亲这一过程就好像一段旅途，其间有时会让人感到疲乏。女人天生就具有女孩的性格，在自己生育孩子时又自然有了身为母亲应有的母性。但是，妻子这一角色则是以恋爱、结婚为基础而在后天形成的，所以妻子这一角色与女孩、母亲的角色不一样，它不是天生就有的，它是女人在后天条件成熟时才会成为的一种角色。

妻子的主要任务便是抚育孩子，恐怕这一时期也是妻子一生中最繁忙的时期，有时甚至根本连自己也顾不上。现在男人的平均结婚年龄是 27 岁，女人为 25 岁，平均在结婚一年半后生育第一个孩子。

孩子 3 岁左右正是育儿时期。在这段育儿期，作为母亲应完成一大半对孩子的教育。在教养孩子时，丈夫的帮助是十分重要的。

现在的都市家庭，大都由夫妻二人和孩子组成，所以，在这些由年轻夫妇组成的家庭中，至少应买两本以上关于育儿的书籍。这样就可以通过书本知识来教育孩子。但是，书本上的东西都是典型的例子，具有一般性，却不具有特殊性，有的知识并不一定完全适合自己的孩子。但那些没有经验的母亲仍然只能套用书上的教条。

西方国家的人们认为，家是一个充满亲情的地方，他们在早上起床时，夫妇之间要互相问候，自然地，孩子见到这种情况也会效仿父母的做法，在早上起床后，见到谁都要向对方问好。通过这种言传身教而学到的东西是永远也不会忘记的，所以他们就自然地养成了互相问好的好习惯。

而有的母亲总是喋喋不休地教导孩子："要向别人问好"、"邻居的阿姨给你吃糖后要说声谢谢"……这些东西我们虽然经常挂在嘴边，但因为不是言传身教，所以孩子很容易忘记。

人们往往容易忘记这样的真理："孩子不愿意听父母所说的，但却很容易模仿父母所做的。"所以只有以身作则，才能教育好孩子。

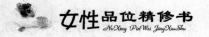

女人应该在妻子与母亲这两个角色中找到一种平衡，哪一个都不可以偏废，做到了这一点，你才算得上一个成功的女人。

要想留住男人心，首先抓住男人胃

都说男人心目中理想的女人是"上得厅堂，下得厨房"，这个要求受到很多现代女性的抵制，她们坚定地拒绝沦落为"煮饭婆"，反感呛人的油烟味，怨恨油腻的灶台……但是，聪明的现代女人更明白，厨房是家庭幸福必不可少的源泉之一，因为良好的膳食不但可以强身健体，而且也是表达爱意的最好方式。

要知道，男人和女人真正的幸福生活是从厨房开始的。据说在古代，所有刚嫁到夫家的女子在第二天早晨起床后，必定要取下身上那些叮当的环佩，亲自到厨房里为夫君烧一碗汤，表示他们已经从爱情的绚丽转为生活的平静了，也就是诗中所说的："三日入厨下，洗手做羹汤。"

同时，莎士比亚也说过，"要留住男人的心，得抓住男人的胃"。女人好不容易在茫茫人海之中将他"俘虏"到手，怎么能不好好地守住这份爱情。饭菜的香味会让家的味道更温馨，在民以食为天的前提下，聪明女人应该有一点儿小手艺，既宠爱了自己也留住了他的心。

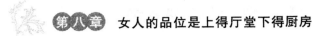

　　当然，男人有时候也愿意去外面吃各式各样的美食，外面的美食五花八门，可是谁都不愿意天天都在外边解决饭食，既浪费又不是很卫生。因为不是吃到自己嘴里的东西，人家一定不会比你自己弄得用心。再说经常在外面大吃大喝，久而久之油腻多了一些，健康少了一些，自然就会怀念家中的清粥小菜。

　　找个时间在某个早晨为自己心爱的人煮一次枸杞粥，煎一个漂亮的荷包蛋，烙张葱花饼，简简单单却又无限温存。也许对男人而言，这是意外的嘉奖，让他惊喜之余更加迷恋家人。

　　女人重视厨房，并不等于说从此她就得天天有义务围着厨房转，而是要注意在繁忙的工作之余，收拾一份好心情，为自己为家人营造一种温情。

　　其实，聪明的女人都很清楚，男人们并不是想要一个手艺精湛的女厨师，而是想要一个能给他带来家的感觉的女人。

　　虽然现在的房子越来越大，房间的功能划分得越来越细，但最能体现出家的味道的地方永远都是厨房。特别是对于一个男人来说，当他在外面辛苦了一天，推开那扇熟悉的家门，一个冷锅冷灶和一个饭菜飘香的厨房，给他的感觉绝对是不一样的，只有厨房里飘出来的饭菜香才会给人带来实实在在的家的感觉。

　　一个喜欢厨房的女人，自然是一个喜欢家的女人，同时也能给人带来家的感觉，这和什么大男子主义、女权主义都没有关系，只是女人的本性使然。

　　年轻的时候，每个人都可以四处流浪，但最终有一天会厌倦漂泊，渴望能有一个温暖的家供自己憩息。聪明的女人并不仅仅是成为男人的工作助手，而是要成为他的贴心伴侣，给他一份安心，一份眷恋；如果他累了，可以回到家里来休整；如果他受伤了，可以回到女人身边来治疗；如果他成功了，马上会回家与家人分享，而一个连厨房都不想进去的女人，很少能给男人这种感觉。尽管她可以打扮得光鲜靓丽，尽管家里有钱到足以天天上饭馆，但这些都不是真正的幸福。聪明的女人，下班回家换上家居服，系着围裙在厨房里忙活一通，然后端上三盘两碗，重要的不是味道，而是那种温馨的感觉。饭店再好，也无法营造出这种家的感觉。

一个完整的家庭，不能没有女人，而每一个家都会有一个厨房，即便是最简单最简陋的家，也必定会有一个小小的灶台或是电饭煲。

厨房是女人的另一个舞台，不管她爱或是不爱，那里都有着她无法摆脱的人生使命。真正懂得爱、懂得生活的女人，会在工作之后走进厨房，她的心里不会觉得委屈，为心爱的家人做一道菜，除了油盐之外，里面放得最多的调料是爱。诱人的饭菜香味，浓浓的幸福滋味，会让女人制造出家的温馨！

可以说，有品位的女人会让一天的幸福生活从厨房开始，有品位的女人，一年四季都会变幻不同的花样，科学合理的搭配，注重营养与口味的结合，在厨房里创造出来的不仅是美味的食物。还有无限的富足和幸福感……让心爱的人每天都生活在独一无二的幸福感觉中。

外面做"大女人"，回家做"小女人"

"大女人"是精明能干的女强人，驰骋商场，呼风唤雨，在工作上出类拔萃，即使感情受到挫折，也以最自信的姿态出现在众人的面前；"小女人"能力有限，每天正点上下班，接孩子，给老公做饭，休息时间操持家务。

现如今，社会上出现了越来越多的"大女人"——她们与男人一样在事业上打拼，独立、精明、大气而且能干，无论手段还是气势丝毫不输给男人。不仅身居高职，拿着不菲的薪水，而且颇受领导赏识。我们称这些女人为女强人。她们完全打破了传统的男主外女主内的传统观念，仿佛要与男人争那另半边天，尽管在事业上许多男人不得不佩服她们的机智和作风，但是很少有男人愿意找一个这样的女人做伴侣，他们无法忍受一个比自己还强的女人，那会让他们感觉不到自己被需要。

但是综合现在的社会情况，居家的女人毕竟是少数，但是一个女人在单位里可以是横眉冷目的主管，但是在家里还是妻子、是母亲，没有必要用"将军命令士兵"般的口气与你的丈夫说话。

我们其实还是建议现代的女性有自己的事业，有自己的社交圈子有自己的天空，但是如何让自己的地位转换得到平衡，是对男人的尊重，也是作为妻子应该尽到的责任。

当你下班在家里的时候，何必还要摆出高姿态让自己那么累呢？依偎在你丈夫的身边，做个小女人又有谁会笑话你呢？也让你的丈夫感受一下可以被依靠、可以保护你的大男人的心理，不是很好吗？

其实做个小女人是很幸福的事情，你可以有很多幻想；可以活得轻松浪漫；可以给自己的偷懒找出 N 多个理由；可以聪明地装糊涂；也可以体贴入微地照顾别人，感受一下关爱别人的快乐；还可以撒娇地让别人来照顾你。这个时候你是妻子，是你丈夫的宝贝，不是严厉的经理，面对的也不是你的下属。

小女人对待朋友真诚而傻气，和从前的同事、朋友从不断了联系。没事就来个聚会和大家倾诉自己的心事，讨论未来和怀念以前的种种。小女人的真诚经常让朋友感动。

小女人会对被开除的同事说："如果不被开除，你还是个默默无闻的职员，还在耽误前程呢！如今做了'部门经理'，你的才能发挥得淋漓尽致，有空请主任吃顿饭吧？他不开除你，你哪有今天。你可要记住报恩啊。"朋友听得心花怒放，非常豪爽地说："只要你将我当成好朋友，你什么时候有空？我请你吃饭。"小女人大方地回答："你什么时候心情好就什么时候请我吧？"小女人的一番话暖透了朋友的心。

小女人处世的哲学并没什么值得借鉴之处，她只是常站在别人的角度为别人着想，多考虑别人的难处，即使有时吃亏也不介意。在她的眼中，名利地位并不比朋友和爱人来得重要。

其实许多"大女人"也并不是真的就想做个"大女人"，每个

女人的骨子里都有"小女人"的情怀，只是她们的生活环境和方式以及现在的地位不允许她有丝毫的松懈，只能上紧发条不停地做事。

要知道，这个世界是由男人和女人组成的，上帝已经分配好了让他们各司其职。那些体力劳动和辛苦的工作就交给男人去做吧！女人看守好你自己的这片后方净土，同时做一些你喜欢做的事情。如果因为生活的原因你不得不与男人一样辛苦，请自我调节下，让自己不要那么强悍，也许你成功的机会会更大。如果你已经成功了，维护好你的爱情和家庭，别让自己太累，别让你的丈夫感觉到家里缺少了应有的"女人味"或者"母爱"，不要把家当成你的办公室，这样你才能获取事业、爱情双丰收！

工作是赢家，生活也是赢家

女人常常觉得生活和工作不相容，她们既想在工作上做出一番令人刮目相看的成就，又想过着自由惬意的生活，但结果，她们总是两头不讨好，顾此失彼。

有一句话是这样说的："工作可以使一个人高贵，但也可能把他变成禽兽。"这句话也可能是你的写照。意气风发的时候，你觉得自己仿佛可以征服天下；沮丧疲惫的时候，你看你自己可能觉得连一只小蚂蚁都不如。

做着自己不喜欢的事，为了生计又不能辞职，那么别忘了，下了班之后，记得把自己拉回来！除了工作之外，你应该还有其他人生的目标，一些希望完成的事，例如，你真的想在阳台上种番茄，想到海边钓鱼，不要迟疑，赶紧行动吧！除了工作之外，生活依然属于你自己，不要忘了为自己的快乐奋斗！

做"双面人"时同样可以将自己塑造成"双赢人"。工作是赢家，生活也是赢家。不管你有过多少丰功伟业，不管你是不是受人注目的偶像，回到生活里就把它忘掉吧！其实，世上大多数人的人生目标都很简单：平安地活着，拥有幸福的家庭，做一点让自己开心的事，就足够了！

人们生而有欲又从不加以限制，致使现代社会的大多数人都不约而同地追求欲望的满足，于是，无休止的竞技争斗和自我欲望的无限膨胀也就应运而生。有人将获取无限财富，并跻身于世界首富的排行榜，视作自己一生的奋斗目标；有人声色犬马、日耗斗金，过着奢靡得不能再奢靡的生活；还有人为了名声地位、出人头地，以至于竭思尽虑、无所不用其极。

林语堂深受儒家学派思想的影响，特别是孔子，所以林语堂对中庸思想推崇备至，他说："我像所有的中国人一样，相信中庸之道。"林语堂还非常喜欢清代李模（密庵）那首《半字歌》，认为它最形象地反映了自己的人生理想。这首《半字歌》写道："看破浮生过半，半之受用无边。半中岁月尽悠闲，半里乾坤宽展。半郭半乡村舍，半山半水田园。半耕半读半经廛，半士半姻民眷。半雅

半粗器具，半华半实庭轩。衾裳半素半轻鲜，肴馔半丰半俭。童仆半能半拙，妻儿半朴半贤。心情半佛半神仙，姓字半藏半显。一半还之天地，让将一半人间。半思后代与沧田，半想阎罗怎见。饮酒半酣正好，花开半时偏妍。半帆张扇免翻颠，马放半缰稳便。半少却饶滋味，半多反厌纠缠。百年苦乐半相参，会占便宜只半。"这是对中庸哲学的形象阐释，它将天地人生的种种现象与关系写得绘声绘色，一览无余，其中在对天地万物的悲悯中又有着达观超然的人间情怀。没有对世界、人生的本质性理解，如何能深刻、透彻以至于此。作者也将天地间的冷暖、得失、出入、是非、进退、悲欢描述得入木三分。

其实，人生中存在着多个矛盾体，对每个矛盾体都应采取一种"半半哲学"的调和方法。因为人生永远有两个方面，工作与消遣、事业与游戏、应酬与燕居、守礼与陶情、拘泥与放逸、谨慎与潇洒。其原因就在于人之心灵总是一张一弛，若海之有潮汐，音之有节奏，天之有晴雨，时之有寒暑，日之有晦明。

林语堂将"半半哲学"运用到人生上，也为自己找到了一个有力的支点。他说："我们承认世间非有几个超人——改变历史进程的探险家、征服者、大发明家、大总统、英雄——不可，但是最快乐的人还是那个中等阶级者，所赚的钱足以维持独立的生活，曾替人群做过一点点事情，可是不多；在社会上稍具名誉，可是不太显著。只有在这种环境之下，名字半隐半显，经济适度宽裕，生活逍遥自在，而不完全无忧无虑的那个时候，人类的精神才是最为快乐的，才是最成功的。"这里所提到人生成败得失的问题，也涉及人生的最终目的问题，也可以这样说，是将人生的欢乐删除掉而一味追求所谓的创造，还是在创造之余保有一颗快乐、幸福之心？因此，在生活中一无所求，就没有忧虑。心态从容平静，精神饱满丰盈，生命充实内在，此种人生才值得一活。

人生苦短，最长命者亦不过百岁。以往我们的人生观可能比较注重不断地奋斗、获得，扼住命运的咽喉并与之抗争的精神，但却相对忽略了充分地体会人生，细细地咀嚼生命中的每一时刻。

《菜根谭》中有这样几句话：

花看半开，酒喝微醉，此中大有佳趣。

若至烂漫烂醉，便成恶境。经历盈满者，慎思之。

凡事适可而止，欲念只求适度而已，不宜过火，太过犹如不及。对事情过分追求，效果反而不美。不如放宽胸怀，追求另一种残缺的美，这更能将美发挥得淋漓尽致。僵化的概念，只会把自己活生生地钉死在框子里，生命遂变得呆板乏味。曾有心理学家说："若不能改变眼前的事实，则改变自己对这事实的看法。"正如一句歌词中唱的一样："人生就像一场戏，又何必太在意。"不要对此过分地认真或操心。

儒家讲"中庸"，佛教则提倡"随缘"。胆憨山大师的醒世歌，大有哲理，合乎中庸、随缘之道。

红尘白浪两茫茫，忍辱柔和是妙方，

到处随缘延岁月，终身安分过时光。

休将自己心田昧，莫把他人过失扬。

谨慎应酬无懊恼，耐烦做事好商量。

是非不必争人我，彼此何须论短长？

世界由来多缺陷，幻躯焉得免正常。

究竟要多少名、多少利，人才会有所满足？媒体的广泛传播，人们很容易了解各种阶层各种身份的人如何争名逐利，又如何为了名利而身陷江湖，身不由己。看到那么多宦海浮沉、人情冷暖，应该想到，在名利之外，女人总是要为自己保留一些尊严。一介布衣不见得一定清寒，但绝对可有万丈豪气。

事业和家庭，你可以同时拥有

许多女人都在为同一个问题而困惑："家庭和事业，选择哪一个？"

黄女士是一个在外人看起来非常成功的女人，她本人是一个知名的室内设计师，丈夫是他们当地一家大型国有企业的总经理，夫妻恩恩爱爱、伉俪情深，膝下还有一个聪明可爱的7岁女儿。然而黄女士说"家家有本难念的经"，她正被家庭与事业的选择所困扰着。不久前，正在与客户谈判的黄女士接到保姆打来的电话：孩子发烧了，让她回家。虽然心急如焚，但她又怎能丢下好不容易争取来的大客户呢？那晚回家后，一向体贴的丈夫发火了："这女人啊！就不能让她做事，一做事就连轻重都找不准了！"黄女士哭了，难

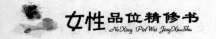

道她做错了吗？

　　其实今天的女性早已经认识到了，要想被这个社会承认就必须要和男人一样拼命地工作，全身心地投入。因为女人知道有些男人一直没把女人放在眼里——虽然他们也时常嘴上喊着尊重女性。女人必须用自己的工作成绩证明给男人看，女人在工作上并不比他们差，女人必须和男人一样在社会上为自己争得一席之地，这对肯于付出辛勤劳动的女人来说并不是件难事。女人要用事实证明女人和男人一样可以挣钱养家糊口，女人不能为了一口饭而忍气吞声。然而，绝大多数的女人却要为此承受着巨大的精神压力，女人在实际工作中遇到的阻力和困难要比男人多得多，得到的却要比男人少得多。可以说很多时候，女人与男人显然是处在一个不公平的竞争环境里，整个社会对女性的要求总是比对男人更苛刻，今日的许多女性仍然处在这样的选择之中。家庭作为生存单位作用于两性职业发展过程中，成为女性职业发展道路上的温柔陷阱。掉进这个陷阱的女性，有的本身非常优秀，但当选择回归家庭时，她会这样很自豪地安慰自己："我有过成功的事业，我同样也能当主妇，我什么都能干。"但这并不是完美的女人，完美的女人一定能兼顾事业和家庭。

　　过去老人常说："嫁汉嫁汉，穿衣吃饭。"这话现在看来已经过时了，在男女平等的浪潮里，现代的女性接受和男人一样的教育，靠自己就可以实现经济独立，不需要靠男人养才能活。

　　而且现代社会里生活压力加大，一个家庭光靠男人支撑还不太现实，女人出去工作可以分担一部分经济上的压力。即便男人可以

负担起家庭，聪明女人也不会放弃自己的事业，要想人格独立，首先就要在经济上独立，不需要依附任何人都能够生存。现代婚姻不可靠、承诺不可靠，没有人是永远的依靠，女人有一个属于自己的事业，可以保证在失去依靠后还能够独立地生活下去。

女人可以不需要赚很多钱，但是一定不能失去赚钱的能力，不能选择寄生虫的生活。所以，有品位的女人不会让别人"饲养"，她不会让自己落到等着被吃的境地里。

工作会让女人心情愉快。女人对工作的态度与男人不同，她们更看重环境和关系，她的生活中固然需要家人、丈夫或是朋友，但是工作上的同事也是必不可少的。在家庭之外，有人与自己一起为了达到某个目标而喜悦或是焦虑，这种团队气氛是在家庭中体会不到的。

女人大多是"群居动物"，她们害怕孤单，喜欢有人倾听、理解自己，也喜欢付出关怀和母爱，良好的工作环境正好能够满足女性对于"小群体"的情感需求。

工作还让女人生活充实。聪明的女人把工作当作一种生活寄托，反而那些回归家庭的"全职太太"们，常因无所事事而感到空虚寂寞，闲在家里时间长了，就会使自己和社会脱节，最后也会变得毫无魅力。很多女人工作的时候整天忙忙碌碌，经常要出席重要场合，比较注意自己的形象，结婚后天天在家待着，整天睡衣睡裤，老公回来看到的就是一成不变的人。而且在家里不思考、不学习、不体验新鲜事物，和朋友联络都少了，完全把自己封闭着，最后会失去与人交流的能力，影响家庭生活。而一份称心如意的工作，却能够平衡事业与家庭的关系，因为称心的工作本身就能够协调女人的情绪，保持女人的身心健康，从而促进家庭的和谐幸福。

女人有一份工作可忙，既可填补生活的空白，又能在工作中不断充实自己、提高自己。工作让女人感受到自己的价值，而且能跟上时代的潮流，更具有知性魅力，因为外面的环境与事物会让聪明的女人更聪明！

人活着就需要劳动，有一份事业让女人操心能够让生活更充实一些。天生我才必有用，女人的价值并不全部在家庭中，细心寻找，总能找到展现自己的舞台。走出柴米油盐酱醋茶，让新鲜事物充实生活，因为游走在职场当中才能体会到工作的艰辛和压力，才更能理解事业中男人的烦恼，也许还能为他排忧解难，成为他的支柱，他才会更加爱你，离不开你！

一个有品位的女人，会认认真真地对待工作，在工作中体现自身价值，但她也不会放弃另一项更重要的"事业"——家庭。和所从事的工作相比，家庭是更重要的战场，是女人一生最重要的长期投资项目。

可以说，工作是事业，家庭也是事业，而且对女人来说，家庭是一生中最重要的事业。只不过，同样作为一种事业，工作和家庭的难易程度是不一样的：工作是一种生活技能，通过培训和教育，每个人都能够掌握技巧，顺利地完成工作要求，聪明的人甚至可以完成得很出色。而家庭需要一种生活智慧，需要用心血栽培，很多人都身处其中，但是真正做得好的人却很少。

在工作中，需要智慧谋略，靠的是犀利的眼光和敏锐的判断，

理智是成功的保证；在家庭中，也需要智慧谋略，靠的是爱心、耐心、温情、责任，情感是必胜的法宝。在工作中，做出一点儿成就很快就能看到成果，短期投资回报率高；而在家庭中，也许付出很多短期却仍见不到任何收获，必须要等上很长一段时间，但长期回报率绝对超值。

一个人可以不需要工作，但是不能没有家庭；同样，一个真正成功的人，不仅拥有工作上的成就，还必须拥有幸福的家庭生活。工作总会有退休的那一天，家庭却是一个人从出生到死亡都要生活在其中的环境。

工作做得好不好，关系着个人价值体现的大小、为社会贡献财富的多少、物质生活状况的高低，而家庭生活是否幸福，则关系到两个人的生活质量、孩子的未来，更贴近每个人的现实生活状态。

一个能把复杂的家庭生活经营得顺顺当当的人，在工作中也必定能够得心应手。

如何获得幸福的生活？有品位的女人既不会放弃属于自己的小事业，也不会忽视家庭这个一生的大事业。

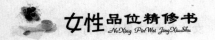

女人要学会把握爱

　　爱一个人，无论有多深、多厚、多广，都一定不要忘了爱自己。且这种爱必须建立在平等的基础上，你可以奉献但绝不能跪着去爱一个人，在爱之中一定要包含着自身的尊严，就像《简·爱》中的简那样不卑不亢。形体的依恋是有限的，只有建立在灵魂平等基础上的真爱才能走得久远。

　　如果要来个量化，所有的女人觉得还是三七开比较理想，再不也只能是二八开，到了九分就很危险了，更不要说到十分了。把七分的爱和热情给对方，留三分来爱自己，一旦对方离开，你还能从对方越走越远的朦胧背影中回头，你还有重新爱自己的能力和勇气。如果把十分的爱全给了对方，在爱中丧失了自己，一旦对方变了心，你会措手不及，他的背影甚至眼神就可能会把你击倒，会让你疼痛得直不起腰，无法将自己从深陷的往事中拔出来。没有自己、不留任何余地的爱是可怕的，具有毁灭性和颠覆性。当然，这也是不值得的。你犯不着为一段不值得的爱搭上生命。在这个世界里，对你来说没有什么会比你的生命更重要的，没有了生命，爱如何依附、如何成立？所以千万不能把爱全部投注在对方的身上，想想怎么能把生命的赌注全部押到他人身上而

去指望他人呢？多么虚妄。

更可能的是，因为三分留给自己的爱，女人为自己留出了个人的空间：那里保存着你的尊严和价值、生命原则和人格魅力。因为这个三分的存在而让对方觉得仍有深入和进步的可能。同时，付出七分的爱也不会让对方觉得太累。节奏繁忙凌乱的都市生活中是没有人愿意负载一份太沉太累的爱直立行走的。

不要成为爱唠叨的女人

我们常常听到自己的妈妈或者别人家的阿姨每天不停地数落自己的孩子和老公，哪怕是一点小事，这些情景让你觉得可怕。可是当你步入婚姻后，就会逐渐发现自己也变得爱唠叨了，为什么呢？

结婚前，很少有女人爱唠叨，因为她们比较轻松，哪儿用得着担心家庭问题、孩子问题。可结婚之后，女人渐渐变得爱唠叨了，尤其是上了一些年岁的女人。

青春的流逝让她们备感伤心与无奈。同时，在生活工作中力不从心的感觉也让她们焦躁。偏偏她们的苦恼又得不到别人的理解，比如挣扎在社会夹缝里的丈夫和正处于叛逆期的子女。在这种情况下，她们只有通过不断地重复自己的观点，来吸引人们的注意，直至这种方式成为一种习惯。

　　绝大多数女人通常都不承认自己的唠叨，而是认为自己在生活中扮演的是"提醒"的角色——提醒男人完成他们必须做的事情：做家务，吃药，修理坏了的家具、电器，把他们弄乱的地方收拾整齐……但是，男人可不这样看待女人的唠叨。

　　女人总是责怪男人不该把湿毛巾扔在床上，不该脱了袜子随手乱扔，不该总是忘了倒垃圾。女人也知道这样做很容易激怒对方，但她认为对付男人的办法就是反反复复地重复某条规则，直到有一天这条规则终于在男人的心里生了根为止。她觉得她所抱怨的事情都是有事实根据的，所以，尽管明明知道会惹恼对方，还是有充分的理由去抱怨。

　　看看男人的感受吧：在男人心里，唠叨就像漏水的龙头一样，把他的耐心慢慢地消耗殆尽，并且逐渐累积起一种憎恶。世界各地的男人都把唠叨列在最讨厌的事情之首。

　　心理研究人员发现，无论男人还是女人，哪怕是孩子，无休止地唠叨或指责对他们来讲，都是一种间接的、否定性的、侵略性的行为，会引起对方的极大反感——轻则使被唠叨者躲进"报纸"、"电视"、"电脑"等掩体里变得麻木不仁；重则腐蚀夫妻关系，点燃家庭战火。所以有人说，世界上最厉害的婚姻杀手，莫过于男人觉得妻子越来越像妈，而女人发现丈夫越来越像不成熟的、懒惰的、自私的小男孩。不仅如此，生长在爱唠叨家庭里的孩子，很容易成为软弱无能、缺乏个性的人。

　　所以，一个唠叨的女人，对整个家庭来说都是噩梦。试想当疲惫的丈夫回到家里，便陷入毫无头绪的抱怨和痛苦之中，而这时他

最想做的，就是蒙头冲出家门。而年轻活泼的子女，更不能忍受你的唠叨，就算他们真的很爱你，但是大量的荷尔蒙会使他们做出更让你伤心的反应来。

那么，有品位的女人们，如果发现自己不知不觉中变得爱唠叨，特别是家人开始对自己有不满情绪时，就要引起高度重视了，这表明你需要学习家庭沟通艺术了：

（1）不要重复说同一句话

训练自己把话只讲一遍，然后就忘掉它。如果你必须很不耐烦地提醒你的丈夫六七次，说他曾经答应过要一起去做某件事。如果他现在已经在做了，你就不用再浪费唇舌多说几遍了。

（2）说话时要找好时机

傍晚时分，一家人身心都很疲倦的情况下，唠叨会成为家庭矛盾的导火索。智慧的主妇会创造一个温暖的港湾来接纳家人，夫妻间的矛盾到了卧室再谈，就会缓和许多。

（3）培养幽默感

如果你对芝麻大小的事也会生气，早晚会精神崩溃的。所以要学会以宽容幽默的态度对待生活中不如意的事，而不是整天紧绷着脸。更别为了一些微不足道的芝麻小事，将爱情变成了怨恨。

千万记住，你不可能用唠叨的话套牢一个男人，这样做的结果，只会破坏他的心情和精神，毁灭你的幸福而已。

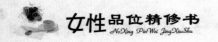

做丈夫忠诚的支持者

当自己的老公遇到挫折的时候；当他遇到了两难的选择，内心在作挣扎的时候；当他要向事业的更高峰进军的时候……你是否在背后支持着他？

可以说男人并不是时时刻刻都如人们想象的那样坚强，在他刚刚经历了挫败或在艰苦的环境中挣扎的时候，他也需要有一个忠实的信徒来支持他、鼓励他，这点对于身为妻子的你尤为值得注意。

有时男人就是个孩子，无论外表怎样坚强，他的内心都是柔软脆弱的，需要你的安慰抚摸，需要你温柔肯定的言语。

可是，当他带着期望回家，迎接他的却是妻子皱着眉头的脸和不停的唠叨与埋怨："王姐的老公都升职了，你什么时候……"当他带了一束玫瑰回家，妻子却漫不经心地丢在一边，开始谈论阿芳新买的钻戒多么漂亮；当女人不再感激男人的付出，甚至有些鄙视他的心意时，男人还会渴望回家，还会觉得家是温暖的港湾吗？不难想象，其后果是严重的。

现代社会，竞争和压力无处不在。男人为了事业、为了家庭拼命打拼，再多的苦和累，他们都默默地承受；再多的委屈和辛酸，他们也深埋心底。他们唯一的渴望就是在拖着疲惫的步伐回到家里

的时候，老婆真诚地对自己说一声："你辛苦了。"这会让他感到温暖和幸福，让他的疲劳消失殆尽。当男人低落时，当男人的事业不如意时，他的心情难免会烦躁，那证明他是一个有责任感的男人，这时你的奚落会让他觉得很没面子，也会觉得你看不起他，很影响你们之间的感情，当你安慰他的时候，一定要把握好这个度，不宜多说，但也不要默默地一言不发。

很简单的一句话："老公，你是最棒的。咱不着急，失去你那是他们的损失。"表达的是你对他的理解和尊重，还有对他深深的爱和浓浓的情。换来的是老公的东山再起和对你更依赖的爱。

聪明的女人会由衷地支持与崇拜自己的老公，并相信他是世界上最棒的！

做一个优雅的女人

每个女人都有两个版本，精装本和平装本，前者是在职场、社交场合给别人看的，浓妆艳抹，光彩照人；后者是在家里给最爱的人看的，换上家常服、持家、打扫。婚姻中的丈夫往往只能看到妻子的平装本和别的女人的精装本。

最近的一项调查表明，当被问及什么样的女人才最富魅力？"优雅"竟以绝对优势击败了"妩媚"、"性感"、"风情"……

魅力的形成是后天可以装饰出来的，而内容需要积累，那是一种神韵与情致的结合。女人的魅力就是女人智慧的体现。对自身的定位，对自己生存状态的洞察力和分析力，对人生的领悟。对于女人来说，优雅的气质远比长相重要得多。

就会发现，走在巴黎的大街上，好像每一个法国女人都是那么风情和惊艳。那时，你会奇怪地发现，她们的脸并不是最吸引你的，你甚至不会太多地注意她们的脸，吸引你的是她们的身形、发型、服饰，还有优雅的步态、迷人的举止，以及飘然而过淡香的气味。

每一位女人都希望自己有优雅的风度，因为优雅的风度能给人留下美好的印象，优雅的风度折射出的光辉最富有理性、最富有感染性。一个女人可以没有华服装扮的魅力，可以没有姿容美丽的魅力，也可以没有仪态万千的魅力，但一定不能缺少优雅的风度。反过来说，一位具有优雅风度的女人，必然富有迷人而持久的魅力。现代女人不是不要镜子，而是能够从镜子里走出来，不为世俗偏见所束缚，不盲目描摹他人所谓的风度之美。

女人的风度神韵之美是充实的内心世界、质朴心灵的真挚表现，它们会产生无形的强烈感染力。风度美要求有潇洒的身形和质朴的心灵作载体。质朴，是一种自我认识、自我评价的客观态度，质朴的女人，总是善于恰如其分地选择表达自身风情韵致的外化形态，使人产生可信的感受，她们就是自己，她们不试图借助他人的影子来炫耀自己、美化自己。所以，她们的风度之美，往往是一种质朴之美。

真挚，是一种诚实、真实、踏实的生活态度。这样的女人对人对事不虚伪、不狡诈，又肯于给人以诚信。真挚的女人，对自己的风度之美既不掩饰也不虚饰，对他人美的风度既不忌妒也不贬斥，而是泰然处之，使人感受到一种真正的潇洒之美。

因此，你要保持和发展自己的风度之美，就得纯化你的语言和洁化你的举止，否则，也会使风度之美从你身边悄悄溜走。风度美是高层次的美。它使人精神振奋，动人心魄；它令人敬慕，终生难忘；它唤醒美的意识，认识人的尊严；它是生活的灵秀，心神的凝聚。

优雅的风度是内在的素质之于外表的动人举止。这里所说的举止是指工作和生活中的言谈、行为、姿态、作风和表情。

但优雅的风度源自何处？它固然与姿态、言行有着直接的关系，但这些只是表面的东西，是风度的流而不是源。仅仅在风度的外在形式上下工夫，盲目效仿别人的谈吐、举止及表情的话，只能给人留下浅薄的印象。

实际上，优雅的风度来源于一定的知识和才干，良好的风度需要一个强有力的后盾支撑着它，这个强有力的后盾就是丰富的知识和才干、风趣的语言、宽和的为人、得体的装扮、洒脱的举止等，这些无不体现一个人内在的良好素质。然而，要真正能熟练运用语言，还有赖于智能的提高。当你的智力在敏捷性、灵活性、深刻性、独创性和批判性等方面得到了发展，你在知觉、表象、记忆、思维等各方面的能力就能得到提高，加之你拥有丰厚的涵养，那么，优雅的风度就自然而然地为你所拥有了。

要知道，优雅女人一定具有如下的共性：

（1）自信。自信的女人是最美丽、最优秀的。做什么不一定要说出来，因为别人看得见，大肆宣扬反而让人觉得你不谦虚。聪明的人一直都是在夸别人，同时借别人之口宣传自己。还没有成功的事情不要总给别人希望，凡事要放在心里，自信可以表现在脸上，但是话还是要埋在心里。

（2）微笑是最好的名片。微笑会让你留给人很深刻的第一印象。不要呆若木鸡，也不要笑得花枝乱颤。做不到笑不露齿，就轻轻上扬一下你的嘴角。最重要的是你的眼睛，听别人说话或者跟别人说话时一定要正视着人家的眼睛，不要左顾右盼，因为女人的眼睛最能泄露她的内心。

（3）仪态大方。站一定要抬头挺胸收腹，不管在哪里，在哪种场合，只要是站就要保持这种形态，长此以往就会形成一种习惯。如果你还不习惯，那就回家练习一下，脚跟、臀部、两肩、后脑勺贴着墙，两手垂直下放，两腿并拢，做立正姿势站上半小时，天天如此，不相信你站不出那个效果来。

坐姿一定要雅。上身端正，臀部只坐椅子的三分之一，双腿并拢向左或向右侧放，也可以一条腿搭在另一条腿上，两腿自然下垂。但切忌不能两腿叉开，更不宜跷二郎腿，因为，这样做的话很不"淑女"。

走路的时候抬头挺胸收腹，别总是低头想要捡钱。目不斜视，走出自己的气势，不要急步流星，也不要生怕踩了路上的蚂蚁，不快不慢，稳稳当当。臀部细微地扭动更显你的妩媚腰姿，但不要上

身全跟着动，两手自然垂直，轻轻前后摇摆，但不是走正步，自然即可。

（4）智慧的头脑。不要被别人称作花瓶，女人要充分利用自己的头脑，多看书，培养自己的优雅气质，即使你没有很高的文化水平，也要学习一门手艺，让自己在工作中得到乐趣，否则就只能做男人的附属品。

生活中，能够被称之为优雅的女人应该是女人一生中的最高境界。那由内而外散发出的优雅气质足以迷住身边的每一个人，她的气质吸引的不仅是男人，也同样吸引女人。

别做社交中的"霉女"

女人是最靓丽的一道风景线，她们美丽、优雅、可亲，然而一些女人到了社交场合就变成了"霉女"，她们的种种举动让人叹为观止，继而敬而远之。这实在是一件令人惋惜的事，因此，作为女人，应该注意自己的风度与仪态，不要在社交场合上给人留下不好的印象。

让我们看看，哪些是各式社交场合上优雅女性不应有的举动：

（1）不要与同伴耳语

在众目睽睽下与同伴耳语是很不礼貌的事。耳语可被视为不信任在场人士所采取的防范措施，要是你在社交场合总是耳语，不但会招惹别人的注视，而且会令人对你的教养表示怀疑。

（2）不要放声大笑

另一种令人觉得你没有教养的行为就是失声大笑。即使你听到什么闻所未闻的趣事，在社交活动中，也得保持仪态，顶多报以一个灿烂笑容即止。

（3）不要口若悬河

在宴会中若有男士向你攀谈，你必须保持落落大方的态度，简单回答几句即可。切忌慌乱不迭地向人"报告"自己的身世，或向对方详加打探"祖宗十八代"，要不然就会把人家吓跑，又或被视作长舌妇了。

（4）不要跟人说长道短

饶舌的女人肯定不是有风度教养的社交人物。就算你穿得珠光宝气，一身雍容华贵，若在社交场合说长道短、揭人隐私，必定会惹人反感。再者，这种场合的"听众"虽是陌生者居多，但所谓"坏事传千里"，只怕你不礼貌不道德的形象从此传扬开去，别人自然对你"敬而远之"。此时用笑容可掬的亲切态度，去周旋当时的环境、人物，并不是虚伪的表现。

（5）不要严肃木讷

在社交场合中滔滔不绝、谈个不休固然不好，但面对陌生人就俨如哑巴也不可取。其实，面对初次相识的陌生人，你也可以由交谈几句无关紧要的话开始，待引起对方及自己谈话的兴趣时，便可自然地谈笑风生。若老坐着三缄其口，一脸肃穆的表情，跟欢愉的

宴会气氛便格格不入了。

（6）不要在众人面前化妆

在大庭广众下施脂粉、涂口红都是很不礼貌的事。要是你需要修补脸上的妆容，必须到洗手间或附近的化妆间去。

（7）不要忸怩羞怯

在社交场合中，假如发觉有人经常注视你——特别是男士，你也要表现得从容镇静。如果对方是从前跟你有过一面之缘的人，你可以自然地跟他打个招呼，但不可过分热情，又或过分冷淡，免得有失风度。若对方跟你素未谋面，你也不要太过忸怩忐忑，又或怒视对方，有技巧地离开他的视线范围是最明智的做法。

（8）保持笑脸

不单在服务业提倡礼貌、微笑服务，各行各业的工作人员对客户、业务伙伴或生活伴侣都要礼貌周全，保持可掬的笑容。的确，不论是微笑，还是快乐的笑、傻笑、哈哈大笑……笑总是给别人舒适的感觉的。而"笑"也正好是女孩子获取别人喜欢的重要法宝。

纵然你不是那类天生喜欢笑的女人，在社会上活动也不能过分吝惜笑容。尽管工作令你很疲劳，又或连续加班，忙得天昏地暗，见到别人也还是要展现可爱的笑容。

（9）教养与礼貌是你的"武器"

如何使陌生人也觉得你可爱？礼貌是不可或缺的要素。在这个生活紧张的社会里，日常看到女子失态的真实例子极多。如乘搭地铁、火车或巴士时，争先恐后地挤入车厢，还要跟别人争座位，更不堪的是，坐下后还要露出沾沾自喜的神色！又如在酒楼餐厅、公共电话亭，老是拿着电话听筒不肯放下，任其有多少人在排队等候，她也视若无睹！这是一种令人难以接受的失态，须知这类没有教养的行动，会叫别人在心里暗骂你自私无理。

　　女人是美丽优雅，气质上令人愉悦、令人乐于接近的，因此请注意你在各种社交场合的表现，别做出与自身不相称的行为，而毁了自己的形象。

第九章

>>>

女人的品位是擅长保养自己的容颜

女人不能改变容貌,却可以重塑形象;不能天生美丽,却可以修炼魅力。女人天生爱美,要好好珍惜属于你的青春年华,要懂得保养自己。

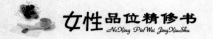

没有丑女人，只有懒女人

　　女为悦己者容，千百年来这句话仿佛成了真理。其实则不然，在现在这个社会，化妆是对别人的一种尊重，也是对自己的一种重视，更是体现女性魅力的妙招。

　　爱美是女人的天性。作为女人你有权利让自己通过各种方式变得漂亮，不要以为街上的美女、银幕上的明星都是天生的肌肤胜雪、身材婀娜。你是否知道明星每天不管拍戏多累都要坚持卸妆，做皮肤保养，而这些并不需要去美容院，只需要几片水果或者一张面膜就可以搞定。

　　如果你认为自己不够白皙，如果你认为自己需要减肥，那你不妨为自己制订各种计划，然后坚持下去。不要以为自己有了老公就可以每天蓬头垢面，每天打扮一下自己，弄弄头发，化化妆，你会发现老公日渐暗淡的眼睛也会发亮，而你也在这种自信中找到了从前的自己——那个年轻时光鲜漂亮的你。

　　女人，让自己美丽起来，不管是悦人也好，悦己也罢！归根到底都是让周围的人或是让自己高兴，通过自己的满意、欣喜，得到满足。

　　其实打扮不是一件很难的事情，每天出门前打开衣柜搭配一下衣服，化个淡妆，光鲜漂亮地出去见人！其实，打扮的细节最重要

了，它最能体现自己的品位，有时一件合适的小饰物就能完全展现你的个性。不要以为你是居家女人就可以毫不修饰，淡淡的妆容也是对别人的尊重。

不要以为自己年华已逝深居在家就可以毫不修饰，要知道，女人的美无时无刻不在，只要你稍微留意、简单装扮照样能够美出来。

简单打扮一下自己是很有必要的，不要以为男人真的不会抛弃黄脸婆。要知道，男人属于视觉动物，你连外表都不能让他满意，还指望他能为这个家付出多大的努力呢？

女人要为自己的相貌负责

人为什么爱美？古希腊哲学家亚里士多德说："只要不是瞎子，谁都不会问这样的问题。"随着时代的发展，女人意识逐渐觉醒，女人从幕后走到了台前，美貌更是成了女人获得成功的辅助手段。各式美容产业方兴未艾，影视屏幕上女明星流光溢彩，顾盼生辉。可以说，现代美女已经是社会中一道靓丽的景致，为人们所承认、所欣赏、所赞叹。

美，具有极高的经济价值。研究者曾经做过这样一个实验分析：他们把一组照片给评审人打分，由最美至最丑排序，然后对这些数据进行分析。他们发现一般被认为较美的人，与缺乏美貌者做同样的工作，但她们的报酬却会相对多一点，可能由于拥有美貌者较能促使该公司的营业额上升。接着，他们又对一份法律学院毕业生的资料进行研究，发现拥有美貌者多负责出庭打官司的外部工作，而缺乏美貌者则多担任内部处理文件和研究工作。

随后，他们又发现当女人到一定年龄后，貌美的大多会继续工作，赚取较高的收入；缺乏美貌的，则会离开劳动力市场，嫁人去了，不幸的是，她们的结婚对象，平均收入也都较低。

因此，对于女人来说，如何让自己成为一个美女，是很重要的事情，而这种事情只有自己能够完成，别人是无论如何都帮不上忙的，为什么这样说呢？因为有些女人天生丽质，自身条件就很不错，美丽对于她们来说很轻松，而对于另外一些女人来说，魅力就成了她们的心理负担，因为她们生来就很普通，从来没有把自己想象成为人人都想多看几眼的美女。

下面，针对这两种情况对女人做个指导，希望她们各个都能成为人见人爱的美女。

第一种是那些天生丽质的女人。

作为女人，如果你漂亮，从某种意义上说你是幸运的；然而女人的一生，最重要的是要有品位，而非徒有其表。

做女人的最高境界是：细水长流，流到最后，却看不到尽头。一时的辉煌、零星的插曲、琐碎的片段、千篇一律的微笑、沉默、怀念、哀悼，每个细节都不完整地拼凑在一起……那么这个漂亮女人的一生就是荒诞而可悲的。

所以女人不要把漂亮当作武器、视为资本，因为男人可怕的占有欲会最贴切地迎合你的虚荣心，当两者完美地结合时，你的一生就不免失去了真实。因此，只有"笨女人"才会摇头摆尾、搔首弄姿，恨不得让全世界的人都知道自己漂亮；聪明的女人则会顺其自然、举止端庄，从不招摇。

所以，倘若你天生就是一个漂亮的女孩，首先需要的是注重文化修养，要脱俗，要有自信。千万不要被人称为是"金玉其外，败絮其中"。

阅读、音乐、绘画、书法既可以培养个人兴趣又能修身养性，鲜明的个性、广泛的兴趣、出众的才华都是漂亮女人的魅力，优雅是女人持久的魅力，你优雅着，你就漂亮着。

其次，你必须注意自己的形体美。女人完美的形体比漂亮的面容更引人注目，体形锻炼是一个漫长而艰苦的过程。可以根据自己的特点做一些适合自己的运动，慢跑和肢体伸展适合于每一个人，不需要借助器材，随时随地都可以做，方便简单。有毅力的人可以尝试一下瑜伽，它可以让你身上的每一块肌肉都得到有效的锻炼，使你的肢体变得轻盈柔软，很适合女人。舞蹈亦能使你保持身材均匀、姿态优美，让你更具韵味。女人的坐行姿势也非常重要，坐姿挺拔，行速要快，满街的人流中，那些抢眼的女子其行姿必定是挺拔如风。

漂亮女人还必须会打扮自己：清雅的淡妆、合适的发型、美丽的衣着，会使你增色三分。

妆不宜太浓，用适合自己肤色的口红、粉底、眉笔淡淡地修饰自己，使自己看起来自然靓丽。根据自己的性格和体形来选择合适的服装，衣着要上下协调，要注意扬长避短，尽量选择设计简单、线条流畅的款式，服装的整体色彩不要过于繁杂，不要太过浓烈，过多的装饰和浓烈的色彩会显得俗气。皮鞋的颜色尽量和皮包一致，和服装的颜色相协调。着装重在搭配，不同的搭配会有不同的风格，不同的品位会搭配出不同的效果，简单、协调就是美。

第二种是那些不算漂亮的女孩。

女人为了漂亮可以付出任何代价。然而，你就是不漂亮，这是你自己改变不了的现实。那么，不漂亮的女孩们该怎么办？

女人面对镜子，认为自己容貌欠佳的时候，"笨女人"的选择是对自己缺乏信心，埋怨老天对自己的不公，整天愁眉苦脸，就像谁欠了她多少钱似的；而聪明的女人则会欣然地面对事实，因为她觉得她是世界上的唯一，她们会用日后的努力，取长补短，让自己美丽起来的。

命运是公平的。美丽的容颜会随着时间的流逝而递减和消逝，而气质、学识和智慧却会随着时间的变化而递增，并越发体现出悠久的弥香。要知道，世界上并没有丑女人，心灵的美比漂亮的脸蛋更让人欣赏。

其实，漂亮只是女人的外壳，她们是娇艳绽放的花朵，终有凋谢的时候，那蜜蜂和蝴蝶也会远离它们。具有内在美的女人是一株淡雅的小草，野火烧不尽，春风吹又生。她们不会用自己的外表去实现理想，而是不断地充实自己，追求美好生活，勇于接受新鲜事物，保持乐观的生活态度、健康的心理，用以弥补自己缺少的那部分美丽所带来的心理阴影。

对于男人来说，女人的魅力并不单单是外表，而是"女人味"。有"女人味"的女人一定会流露出夺人心魄的美，那种伴着迷人眼神的嫣然巧笑、吐气若兰的燕语莺声、轻风拂柳一样飘然的步态，再加上细腻的情感、纯真的神情，都会让一个并不炫目的女子溢出

醉人的娴静之味、淑然之气，置身其中，暗香浮动，女人看了忌妒，男人看了心醉。

因此，一个女人可以生得不漂亮，但是一定要聪明，一定要开朗，一定要活得精彩。无论什么时候，渊博的知识、良好的修养、文明的举止、优雅的谈吐、博大的胸怀，以及一颗充满爱的心灵，一定可以让一个女人活得足够漂亮，哪怕你本身长得并不漂亮。

这样一来，天下的女孩都能将自己装扮得漂亮起来了。请记住：漂亮是自己的问题，一定要重视起来，只有"漂亮"起来的女孩对生活才更有期盼。

女人要穿出自己的风格

什么样的衣服才算"好衣服"？其实很简单，除了与自己的年龄、身份、肤色、身材及穿着的场合相吻合外，无非是这么几个要素：样式别致、颜色谐调、质地上乘、做工精良。但问题是好的衣服大家都知道，"不好"的衣服却未必人人皆知。借用托尔斯泰的话来说，就是好的衣服大致相同，不好的衣服却各有各的不好。现如今不少报刊总是对"好"衣服给予大量篇幅，到处美人纤体华服，虽然营造了当前经济、文化、社会等无处不在的商业气息，然而，讲讲"不好"似乎更有些实实在在的用处。

曾有人说，在人类文明的衣、食、住、行的最初形式之中，衣服是最富有创造性的。的确，衣服是人的第二层皮肤，特别是对女性来说，无论是其衣服的造型还是制作，都要追求独具匠心，确立自己的着装风格，并通过这种创造演绎出一种令人难忘的审美情感。

服饰也有个性。要学会用能表现自己独特气质的服饰装扮自己，使装扮与自己相符，内在的气质与外表相一致，就看着"顺眼"、"舒服"。比如，文静偕清淡简洁、活泼伴鲜明爽快、洒脱宜宽缓飘逸、高傲忌繁复的装饰和柔和的暖色，等等。你一定有过这样的经历，穿上一身得体的衣服，心情会立刻好起来，头不扬自起，胸不挺自高，步子迈得比平时轻盈，人也特别有信心，无论是走在街上，进到商场里，或是在办公室，好像这普天之下没有什么办不成的事。

其实，衣着打扮并不神秘，任何人只要肯留心，都能掌握最基本的要领。我们平常所讲的"风度"，就是内在气质与外在表现相互衬托、彼此辉映的结果。风格的形成越早越好，因为有了风格，你的体貌特征才能与服饰间出现规律性的结合，使你的形象给人带来无与伦比的贴切感。有风格就不怕老，因为越老风格越成熟、越突出。有风格一定会带来自信，因为风格是个性的东西，别人可以羡慕，却无法效仿，这样，你就可以成为时尚独立的载体。

生活中，我们很少将风格与自身的特点及其穿衣方法挂钩，因此人们才会面临着无数的装扮烦恼：我该留什么样的发型？穿哪种款式的衣服？戴多大的耳环？穿什么样的鞋？为什么今年流行的那款裙子我穿着不对劲？等等。你会发现这些烦恼都来自一个问题，那就是我到底适合什么。

我到底适合什么？要解决这个问题，唯一的办法就是要搞明白"我是谁"。

首先，你要了解自己的外形特征，这里分为外形的轮廓特征和体量特征；其次，要了解由自己的面部、身材、神态、姿态及性格等与生俱来的元素所形成的气质和氛围给人带来哪类的视觉印象，即周围人往往用哪类的形容词来形容你，以此找到自己的风格类别归属；最后，通过对女性款式风格8种类型的理解去对号入座，按自己的风格类别归属去扮靓自己。

无论你身材高低，五官如何，都会有你确定性的风格和魅力。风格不是"我想怎么样"、"我要怎么样"，而是"我是什么样的"、"我就是这个样的"问题。因此，我们不用羡慕别人的身高和美腿，也不用模仿谁的发型，更不能盲目地跟随流行。不把"底子"弄明白就往上添加东西，结果是可想而知的。应该说，每个人都有属于自己的美，也就是自己的个性魅力。只是人往往不知道金子就藏在自身，总到别人身上去挖宝，却不知道真正的宝藏就是自己。

所以，与其说是衣服不好，不如说是穿得不好，或者说有几样忌讳是穿衣服时要考虑的。

一是忌凌乱。衣服的样式是简洁大方的好，不能有过多的装饰，如花边、穗子、带子，等等；另外，色彩千万不能多，一般说全身上下的主色调不应超过3种。曾在大街上看见一女孩，至今记忆犹新。她穿着桃粉色白花上衣和淡黄色杂花裙子，一双黑高筒袜，一双红皮鞋，居然还戴了一顶白帽子。本来这姑娘如花似玉，可被这一身打扮毁了，很多人看她的目光里都闪着惋惜。还有一个朋友，人家给他介绍对象刚见一面就吹了，问其原因，他说，他数了那姑娘身上穿着的衣服共有 7 种颜色，所以断定她是一个修养和品位不高的人。呜呼哀哉，那姑娘可能根本不知道是被颜色误了终身。

二是忌质差。衣服的质地无非是丝、绸、棉、麻、毛、呢、化纤等，料子则有薄厚和粗细之分，在搭配衣服的时候应考虑质地的相近和一致性，而不要相差太大。比如，厚重的上衣不能配轻薄的裤子或裙子，而真丝的衣服也最好别跟尼龙的东西混穿，另外，挺括的和易皱的、粗糙的和细致的、时装与休闲装等不同质感、不同风格的衣服，在着装和出门前都要慎之又慎，三思而后穿。

三是忌匠气。曾见过这样一个女孩，她穿着粉色的衣裙，粉色的袜子，粉色的皮鞋，背着粉色的包，头上还扎着一条粉色的缎带。这种装扮不能说不讲究、不用心，但给人的感觉是过于雕琢、过于刻板了，像个粉色的云团怪怪地飘在街上，看上去反而不舒服。除非在特殊场合，一般场合下，穿衣服还是以自然、随意为好，因为说到底衣服是为人服务的，让自己和他人都觉得"叫劲"的衣服，劝君束之高阁。

风格是每个人都拥有的，千万不要认为只有漂亮的人才能谈风格。风格绝对是每个人自身散发出来的一种与生俱来的氛围和气质，是你区别于任何其他人的个性标志，也是你要进行打扮的"底子"。

告别"黄脸婆"封号

没有女人愿意成为"黄脸婆",女人无时无刻不想摆脱这个称号的困扰。其实,只要找对了方法,养成良好的习惯,告别"黄脸婆"封号并不是什么难事。

如何让女性重现美丽呢?最科学的方法是对症下药:

(1)皮肤衰老

"衰老型黄脸婆"的主要问题源于肌肤表面老化细胞的沉积,所以只要去掉这些老化的细胞,就能让肌肤净白、通透。

应对措施:海洋珍珠

特殊工艺的海洋珍珠成分,是一种天然高效的"去黄"营养剂,它可以抑制黑黄色素,温和去除老化细胞,让肌肤滋润、柔软、光滑洁白。明代李时珍所著的《本草纲目》中记载:"珍珠涂面可令人润泽好颜色,除面(斑)。"

(2)经常熬夜

有没有想过,影响到你肌肤状况的还有可能是你的生活习惯问题。经常熬夜、生活规律极不正常,可能让你成为一个不折不扣的"黄脸婆"。

经常熬夜的女人,在睡眠质量不能够得到保证的同时,会直接导致肠胃功能的下降,从而使得消化吸收的功能降低,产生的直接后果,就是使得皮肤不能够得到充足的营养,从而导致皮肤黯淡无光。

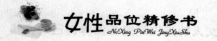

应对措施：早睡早起

正常的作息时间是最有效的美白、去黄方法。晚上10点到凌晨3点，是皮肤新陈代谢最旺盛的时间。如果此时仍处于紧张或者兴奋状态，皮肤的"吐故纳新"就会受到抑制，毒素长期不能有效排除，就会令肤色晦暗发黄。所以尽量不要熬夜，宁可第二天早上起来接着工作。

使自己安睡有几大方法：上床前两小时洗澡，不吃重口味的食物，不做过度的运动……另外，睡前喝杯热牛奶，吃面包或水果，也有助于入眠。

（3）紫外线辐射

日晒对皮肤的伤害已经人尽皆知了，可我们还是要强调：抵挡紫外线，减少黑黄色素的形成。所以，无论哪一种肤质，要想美白，都要防晒。

应对措施：防晒SPF

日间出门要擦含SPF配方的润肤液，如果你嫌防晒产品涂了不舒服，可以选用SPF值低一些的，如SPF 15，如果你不经常在户外运动的话，这就可以有效阻挡大部分的紫外线了。

（4）皮肤干燥

这一类的"黄脸婆"往往对于美白存在一定的误区，她们认为天热时既要去油又要美白，保湿是多此一举的。其实美白本身是一个净化的过程，黑色素从表皮细胞脱落后，皮肤表层变干净的同时，需要添加水分及营养来保护。

应对措施：骨胶原

来自海洋的骨胶原成分则更是促进美白的良方，它能维持肌肤

美白所需的营养，还能够增加肌肤的弹性和保湿度，让皮肤白得通透水润。

（5）压力过大

如果你的生活、工作、情感方面的压力长时间不能得到排解，这种心理上的紧张压力，会直接影响副肾皮质荷尔蒙。副肾皮质荷尔蒙具有加强全身抵抗力，以对抗心理压力的作用。如果心理承受的压力长期不能够得到缓解，则副肾皮质荷尔蒙的分泌功能就会衰退，于是肌肤就会相应地失去抵抗力，容易产生斑疹，也容易出现雀斑、青春痘，让脸色变得"暗黄"。

应对措施：去除你情绪的"暗黄"

调节你的情绪，别让生活各个方面的"想不开"破坏了你的心情，影响了你的生活质量，也影响了肌肤的亮彩。减除压力的方法有很多，比如，上健身房做一些有氧操或瑜伽，看电影、看书……试着找到适合自己的减压方法，就可以恢复肌肤白皙。

（6）吸烟

香烟的"烟污染"会令皮肤产生大量的自由基，令血液和淋巴的循环不畅，皮肤毒素不能有效排出，就会使肤色发黄，同时也可能导致色素沉淀。

应对措施：戒烟

泛黄的手指、斑驳的牙垢，都是吸烟留下的"后遗症"，所以要使脸蛋儿透出光亮、润白，戒烟势在必行。

"去黄"将是一项长期而艰难的工作，你必须一直坚持。当然，除了这些保养，化妆对女人来说也同样是必需的，它也许不能从根本上改变你的肌肤状态，但至少可以为你增加自信。

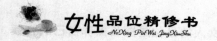

别让颈部泄露了年龄的秘密

很多女人都没有意识到，颈部比面部更容易衰老，有经验的人在判断女人年龄时，也往往先看颈部。因此，如果你是一个关注细节的女人，就请多关注颈部的护理。

与面部皮肤相比，颈部皮肤更加细薄脆弱，皮脂分泌较少，保持水分的能力比脸部差很多，皮肤容易干燥老化。再加上颈部经常处于扭头、摇头等活动状态，更使颈部皮肤容易出现松弛和皱纹。如不及早保养，容易导致人未老颈先衰。就像数数年轮就能知道大树的年龄一样，看看女人颈部的颈纹也就知道了她"老化"到什么程度了。

所以，女人的颈部护养要及早开始，尤其是已过 25 岁的女人，在做面部护养的同时，更要有针对性地对颈部进行护养，颈部护养可从以下几方面入手：

（1）专业护理

如果你的颈部皮肤已出现松弛、缺水、轮廓感下降的情况，就有必要到专业美容院进行具有针对性的颈部护理。

现在很多美容院都开设有专业颈部护理项目，如芳香美颈护理、颈部美白护理、颈部嫩滑紧致护理等，侧重点各不相同。美容师一般会根据你颈部的状况和需求制订合适的护理方案和疗程，为你推荐美颈产品。

这种专业美颈护理一般分为清洁、按摩和敷膜三大基本步骤：首先是彻底清洁，去除颈部老化脱落的角质；接着进行颈部按摩，以收紧肌肤、淡化颈纹、美化颈部线条；最后敷抹具有高度滋润和保湿作用的颈膜，为肌肤及时补充水分和营养。这种颈部专业护理一般适合每周做 1 次。

（2）日常保养

如果不方便去专业美容院做颈部护理，那你也可以做好居家日常保养。同时，为配合美容院护理，居家保养也是必要的，因为单靠每周 1 次或每月 1 次的专业护理效果也是有限的。

每日早晚要使用专业的护颈霜，进行简单的 5 分钟按摩，并注意防晒等，这些方法都有助于增强颈部肌肤的弹性，减少、淡化皱纹，防止皮肤松弛老化。

还可选择品质好、有美白功效的按摩膏在晚上睡前自己按摩颈部，这样可淡化颈部肌肤的色素。同时，不要忘记每日坚持使用防晒霜。

（3）淡化皱纹按摩

如果你的颈部已经出现了皱纹，可以为颈部做重点按摩来缓解，以令颈部肌肤紧致，淡化或削减颈纹，并有助于舒缓颈部疲劳，对颈椎的健康也很有好处。

按摩时要使用颈霜或按摩膏，否则效果不佳。按摩步骤为：先将头部微微抬高，双手取适量颈霜或按摩膏，由下至上轻轻推开，利用手指由锁骨起往上推，左右手各做 10 次；然后用拇指及食指，在颈纹明显的地方向上推，切忌太用力，约做 15 次；最后用左右双手的食指及中指，放于腮骨下的淋巴位置，按压约 1 分钟，以促

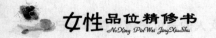

进淋巴循环。按摩时力度要轻柔，避免颈部皮肤受到伤害。

（4）运动美颈

长期坚持做颈部运动，不但有助于塑造颈部曲线，也可令颈部皮肤富有弹性，从而避免因下巴皮肤松弛、脂肪沉积而形成双下巴，还可缓冲颈部肌肉与皮肤的疲劳感。维吾尔族女性的颈部线条通常比较优美颀长，这和她们从小跳舞善动脖子不无关系。

因此，如果你想美化颈部线条，就需多做颈部运动。颈部运动可以在富有节奏感的音乐声中进行，方法为：将头交替前俯和后仰；分别向左右两侧摆动，从左至右旋转，再反方向从右至左旋转；用头部画大圈带动脖颈全方位转动等。

另外，还可练习瑜伽、形体芭蕾或普拉提一类的柔韧性运动，在美化塑造全身曲线的同时，颈部形态自然也得到了美化。

"面子"重要，颈部也不能忽视。此外，女人还应当注意以丝巾或服装修饰颈部，别让它毁坏了你的个人形象。

女人的美丽是吃出来的

女人美丽的大敌之一就是身材发胖，一些女人为此费尽心思：吃减肥药，怕反弹；做运动，没时间……其实，女人要维持姣好身材，只要通过健康饮食就可以做到。

发胖其实是因为摄入的热量多过了需求，因此控制饮食就成为最佳减肥之道。塑身专家为广大女性提供了一种饮食减肥法，总共

有9项要点须坚持做到：

（1）早餐吃得像皇帝，午餐吃得像绅士，晚餐吃得像乞丐

据美国生理学家研究报告指出，人体的新陈代谢率是上午优于下午，下午大于晚上，换言之，晚上吃得多较容易"发福"，故不吃早餐并不会对减肥有益，而且早餐是一天的能量来源，是非吃不可的！

（2）多吃粗粮

香甜的白米饭是中国人惯吃的主食，但白米在加工过程中，会碾除富含纤维和维生素的糠和胚芽，所以吃白米饭只能摄取到热量，却得不到营养。

因此，女人最好能改变饮食习惯，以糙米、全麦制品等粗糙食物替代精制的白米，这样不仅能吃到更多营养素、膳食纤维，还可以预防便秘、大肠癌、心血管疾病，对想减肥的人也是好处多多。

（3）口味要尽量清淡、饮食少盐

虽然生菜沙拉、水煮青菜的确是减肥者理想的食物，但若淋在上面的是厚厚的一层沙拉酱、肉末、酱油，那减肥大计可就完全失败了。因为凡油、盐、糖、味精等调味料，皆是高热量。如果你是习惯吃重口味的人，可以另外选择富含葱、姜、大蒜、胡椒等天然香辛料的食物，这样既能让食物味道更鲜美，也更有益健康。

（4）饭前先喝一碗汤或一杯开水控制食量

吃饭时，你是否习惯将最爱吃的食物留到最后慢慢品尝？即使吃得很饱了，还是不忘来碗热汤？其实，这些错误的小习惯，就是让你瘦不下来的原因！饭后喝汤，容易使人吃得太撑，且会冲淡胃液、影响消化；喜欢吃的食物留到最后，则会悄悄地增加你的进食量，想要瘦身成功的人，最好开始改变进食的习惯，饭前先喝一小碗清汤或一杯开水垫垫底，有喜欢吃的食物就先别客气，养成了这样的饮食习惯，便能在无形中达到减量饮食的效果。

（5）拖延进餐时间

愈要费工夫去剔骨、拣刺的食物，就愈能拖延你的进食时间，满足你的咀嚼欲望，提早出现饱腹的感觉。

（6）食物至少咀嚼10～20次才吞咽

瘦身的聪明用餐法，应是尽量拉长用餐时间（一餐至少花20分钟以上），更重要的是要细嚼慢咽，每口都至少要咀嚼10～20下，这样既可提早产生饱腹感，也能减轻胃的负担。

（7）吃到八分饱

吃饭只吃八分饱，这是许多长寿者的养生秘方，对于时时不忘减肥的广大女性，"八分饱"是比计算卡路里更方便有效的法则，因为如果过度限制热量摄取，往往会令人饿得半途而废，但若选择有营养的食物吃到八分饱，则不仅不会让人觉得饿，且还能自然每天至少减去约500卡路里的热量哦！

（8）未到饭点感觉饥饿时可吃低热量小零食

有些女性喜欢在两餐之间吃些零食，如果你正在减肥，还是少吃为妙。要是实在太饿，很想吃东西，那就吃点没有热量、超低热量的食物，例如琦篛、高纤饼干、果冻这些都是可以马上满足食欲，吃进肚子里又能占满胃部空间，同时热量又超低的减肥好帮手。

（9）多喝水

多喝水会瘦，这是每个减肥的人都赞同的一个方法，不过可不是随便多喝水就会瘦，你还要选对时间喝、喝对水，否则只会发生水肿现象。专家建议其中一个绝佳的喝水减肥时间，就是肚子饿、想吃东西的时候。喝什么水也是一种学问，一般来说白开水、偏碱性的苏打水，或是最近很走俏的气泡水，都很适合喝水充饥时饮用，控制食欲的效果又快又好。

需要注意的是，身体肥胖的女人往往在决定减肥后总想"一夜之间恢复年轻时的苗条身材"，但这种急功近利的思想结果只能导致事与愿违。

女人在减肥时一定要基于个人自身的实际情况，切不可盲目"好高骛远"。否则只会使"减肥大计"以失败告终。

第一印象浪重要

"见你第一眼的时候，就爱上你了"，这虽然是情人间的甜言蜜语，但却也是第一面重要性的真实写照——好印象、坏感觉，全在这面子活儿上呢！

通过大量的分析，专家表明：要给别人留下好的第一印象，你只需要7秒钟。这7秒钟对于女性来说尤为重要。

如何在7秒钟内将自己成功地推销出去呢？音容、外貌、言谈举止一个都不能少。

每个女人都很在意自己给别人留下的第一印象如何，这与你的性格特质有很大的关系。然而这些并不是全部，成功的外包装和一些细节都能透露你的内心。该从哪方面充分发挥你的优势呢？下面就教你几个要点。

第一印象的形成有一半以上内容与外表有关。

不仅是一张漂亮的脸蛋就够了，还包括体态、气质、神情和衣着的细微差异。

第一印象有大约40%的内容与声音有关，其中，更适宜的语言能给人留下最佳的第一印象。

例如赞美对方："您今天穿的这件衣服，比前天穿的那件衣服好看多了"，或是"去年您拍的那张照片，看上去您多年轻呀！"都是用"词"不当的典型例子。前者有可能被理解为指责对方"前天穿的那件衣服"太差劲，不会穿衣服；后者则有可能被理解为是在向对方暗示：您老得真快！您现在看上去可一点儿也不年轻了。您说，讲这种话是不是还不如不说呢？

记住：男士喜欢别人称赞他幽默风趣，很有风度；女士渴望别人注意自己年轻、漂亮；老年人乐于别人欣赏自己知识丰富，身体保养得好；孩子们爱别人表扬自己聪明、懂事。适当地道出他人内心之中渴望获得的赞赏，适得其所，善莫大焉。这种"理解"，最受欢迎。

比如，当着一位先生和夫人的面，突然对后者来上一句："您很有教养。"会让人摸不着头脑；可要是明明知道这位先生的领带是其夫人"钦定"的，再夸上一句："先生，您这条领带真棒！"那就会产生截然不同的"收益"。

当然，温文尔雅的礼仪，也是女性必不可少的门面功夫。握手同样能传递重要信息。研究发现，那些握手时目光和你直接接触、手掌干燥、坚定有力、自然摆动而不是无力、潮湿、试探性的人，不仅能让你对他感觉良好，还将取得你的信任。

第十章

>>>

女人的品位是能够留住自己的健康

　　一个女人最应该珍惜的是健康。没有健康你就没有了一切！身体是生活的本钱，健康是品位的基础。一个女人要想拥有品位，先要留住健康。

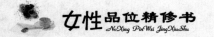

品位女人的健康生活

健康对于职业女性来说，是事业成功的必要保障，一个终日病恹恹的女人根本无法在竞争中生存；健康对于品位女人，是永葆娇艳的灵丹妙药，健康比世界上任何一种化妆品都更有效，健康的女人才能拥有有品位的生活。

女性健康的标准是什么呢？没有疾病就是健康吗？世界卫生组织给健康制定了一个标准，女性朋友不妨自己对照一下。

他们把健康分为躯体健康和心理健康两方面。

躯体健康可用"五快"来衡量：

（1）吃得快：进食时有良好的胃口，不挑剔食物，能快速吃完一餐饭。这说明内脏功能正常。

（2）走得快：行走自如，活动灵敏。这说明精神充沛，身体状态良好。

（3）说得快：语言表达正确，说话流利。这表示头脑敏捷，心肺功能正常。

（4）睡得快：有睡意，上床后能很快入睡，且睡得好，醒后精神饱满，头脑清醒，这说明中枢神经系统兴奋、抑制功能协调，且内脏无病理信息干扰。

（5）便得快：一旦有便意，能很快排泄完大小便，且感觉良

好。这说明胃肠功能良好。

心理健康可用"三良好"来衡量：

（1）良好的个性：情绪稳定，性格温和，意志坚强，感情丰富，胸怀坦荡，豁达乐观。

（2）良好的处世能力：观察问题客观现实，具有较好的自控能力，能适应复杂的社会环境。

（3）良好的人际关系：助人为乐，与人为善，与他人的关系良好。

怎么样，你健康吗？如果你的健康达不到标准，那就该去好好查一下，看看到底是哪里出现了问题。

健康的女人要有健康的生活方式，千万不要染上吸烟等不良习惯。如今是一个崇尚炫酷的时代，于是众多引领时尚的都市女性们纷纷扔掉了往日的含蓄与文雅，改以香烟来显示自己的另类，吸烟可能是给她们增添了一种冷艳的风情，但也在不知不觉中带走了她们的健康。

我们先不谈"酷"女人们被烟熏黄的玉指和贝齿，被烟损害的冰肌雪肤，只谈谈吸烟给女性带来的实质问题。你知道现在肺癌已经跃居女性癌症死亡榜首位了吗？据上海某卫生机构的一项研究资料显示，女性恶性肿瘤的发病率为 279/100000，比前几年明显上升，而肺癌则是女性癌症发病的第二位和死亡的第一位，其直接原因就是主动吸烟和被动吸烟的人数增加。

世界卫生组织曾向全世界宣布，烟草是严重威胁人类生命的世纪瘟疫，容易引起癌症、冠心病、中风、慢性支气管炎和肺气肿等多种疾病。

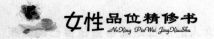

现在市面上出现了许多长过滤嘴和低焦油的女士香烟，很多女烟民都受此误导，以为女性香烟可将吸烟的危害降到最低。其实烟草中致癌性最强的物质是苯并芘，它与黄曲霉毒素（霉变食品中的物质）和亚硝酸盐（腌制食品中的物质）并称为世界三大致癌物质，加长滤嘴、减低焦油含量并不能减少其产生。其次是一氧化碳，它是由于吸烟时烟草燃烧的不完全而产生的，也是煤气中毒的元凶。人体吸入以后可导致组织缺氧，长此以往基因突变的几率增加，纠正的几率减少，正常的细胞癌变的风险升高。很多女性纸烟，滤嘴越长则燃烧越不完全，一氧化碳的含量也越高。

有品位的女人既不会培养吸烟嗜好，也不会为了显示另类风韵而吸烟。

健康是女人演绎风情和魅力的直接载体，健康生活是女人理智与情感的完美结合，女人最大的幸福就是做一个健康女人，过一种健康生活。

向"味道女人"说不

每个女人都希望自己芳香如花，并清洁如天使，但很多时候女人都不得不面对这样或那样的问题。比如说正常的白带本来是女性成熟的标志，但它却容易发生一些病变，让你备受煎熬，成为一名惹来别人异样眼光的"味道女人"。

田女士33岁，娇媚性感，风姿绰约，尽管一条腿已经迈进了

中年的门槛，但仍旧是公司里的"万人迷"。她和公司里的每个员工都相处得很好，休息的时候和大家说说笑笑，周末还常跟女同事一起去逛街什么的。但最近一段时间，大家发现田女士变得沉默多了，不再和同事们笑闹，总是一个人默默地坐在办公桌前，她怎么了？原来她患上了一种"难言"的病，一个星期以来田女士在自己的内裤上发现了一些"脏东西"，还散发出一种难闻的臭味，她偷偷试着用洗剂清洗下身，可是却毫无用处，这种情况下她怎敢同别人接近？

其实田女士并非患上了什么脏病，只不过是白带出现病理变化。在成年女子中这种病理性白带很常见，例如生殖道有炎症，特别是阴道炎和宫颈炎，或者发生生殖道肿瘤时，白带都会出现异常。

一般来说病理性白带有以下几种，它们的性状明显，很容易区分：

（1）透明黏性白带

这种白带呈蛋清状或清鼻涕状，分泌量增加，不随月经周期的变化而减少，需使用卫生护垫，其性质与排卵期宫颈腺体分秘的黏液相似。这种情况常见于阴道腺病、子宫颈高分化腺癌等疾病。此外，当体内雌激素水平增高时，如排卵期或妊娠期或服用雌激素药物后，均可产生白色透明状的黏性白带。

（2）脓性白带

黄色或黄绿色，有时呈泡沫状，有臭味，大多为阴道炎症引起。以滴虫性阴道炎最为常见，同时伴有外阴部瘙痒。也可见于宫颈炎、老年性阴道炎、子宫内膜炎、生殖道淋菌感染。

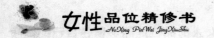
（3）乳酪状或豆渣状白带

这种白带为霉菌性阴道炎的典型特征，常伴有严重的外阴瘙痒。

（4）灰色白带

这种白带同时伴有鱼腥味，常见于细菌性阴道病。

（5）血性白带

在白带中混有血液，有如高粱米汤样的白带。此时应检查是否有子宫颈癌、子宫内膜癌等恶性肿瘤存在。常见发生血性白带的良性疾病有宫颈息肉、黏膜下子宫肌瘤以及由宫内节育器引起的少量血性白带。

（6）黄水状白带

持续流出淘米水状白带，伴有臭味。一般见于晚期宫颈癌、阴道癌或黏膜下子宫肌瘤感染。如果一阵阵排出黄水状或血水状白带，应详细检查是否有输卵管癌的可能。

如果你的身体出现问题，千万不要觉得羞于启齿，把病越拖越严重，而是应该一旦发现立即就医，让身体尽快康复，不要担心"没面子"，病情严重了你才真正"没面子"。

于细节处保养关爱自己的健康

女人的健康是平时爱护自己身体的结果，平时注意养生保健，吃得科学均衡，运动强度也要适中。但仍然有一些人在生活习惯上存在一些误区，这些小细节看起来不起眼儿，却给女人的健康带来

了极大的危害。

下面就是一些生活中常被女性忽略的影响健康的小细节：

（1）生活中许多女人不是按时就餐，且有相当一部分女人为了保持身材不吃早餐，她们希望通过不吃早餐来控制体重，其实这样做对你的瘦身计划不会有任何帮助，还会使你患上胆结石之类的疾病。还有人说自己就是"不饿"。其实，食物在胃内仅停留 4～5 小时，感到饥饿时胃早已排空。胃黏膜这时会被胃液"自我消化"，引起胃炎或消化性溃疡。饮食规律、营养均衡是养生保健必不可少的物质基础。

（2）平时不喝水、口渴时才饮水的人相当多，不要忘了"女人可是水做的"，没有了水女人也会失去应有的娇艳。有些女人也会说"不渴喝什么水啊"，她们不了解渴了是体内缺水的反应，这时再补充水分为时已晚。水对人体代谢的作用比食物还重要，生理学家告诉我们，每个成年女人每天需饮水 1500 毫升左右。晨间或餐前一小时喝一杯水大有益处，既可洗涤胃肠，又有助于消化，促进食欲。据调查研究，有经常饮水习惯的人，便秘、尿路结石的患病率明显低于不常饮水的人。

（3）许多女人误以为累了才是应该休息的信号，其实是身体相当疲劳的"自我感觉"，这时才休息已为时过晚。女人身体过于疲倦时皮肤就会变得粗糙、油腻，不仅如此，过度疲劳还容易积劳成疾，降低人体免疫力，使疾病乘虚而入。不论是脑力还是体力劳动者，在连续工作一段时间后，都要适当地休息或调整。

（4）困倦是大脑相当疲劳的表现，不应该等到这时才去睡觉。按时就寝不仅可以保护大脑，还能提高睡眠质量，减少失眠。人的一生约有 1/3 时间是在睡眠中度过的，睡眠是新陈代谢活动中重要的生理过程。只有养成定时睡觉的习惯，保证每天睡眠时间不少于 7 个小时，才能维持睡眠中枢生物钟的正常运转。还有一些女人有熬夜的习惯，她们喜欢凌晨一两点钟睡觉，第二天再晚点起床。其实她们正好错过了最佳睡眠时间。晚上 10 点到凌晨 3 点是皮肤自动修复的时间，所以女人在晚上 12 点之前一定要上床睡觉。

（5）很多女人只在便意明显时才去厕所，甚至有便不解，宁愿憋着，这样对健康极为不利。大小便在体内停留过久，容易引起便秘或膀胱过度充盈，粪便和尿液内的有毒物质被人体吸收，可导致"自身中毒"。因此，应养成按时排便的习惯，尤以晨间为好，以减少痔疮、便秘、大肠癌的发病概率。

（6）随着生活水平的提高，肥胖患者逐渐增加。导致肥胖的原因主要是进食过量，营养过剩，缺乏运动。而这几种诱因完全可以在体重超标之前加以预防，如控制饮食，防止暴饮暴食，调整饮食结构，加强体育锻炼。目前市场上还没有理想的减肥药，因此，减肥不如防止肥胖。一些女人平时不注意体重，甜品、高热食品想吃就吃，等到体重超标了才开始着急，早知如此，何必当初呢！

（7）一些女人非常爱护自己的容貌，而对自己的健康问题却大而化之。她们会每周去一次美容院，每天一次小美容，皮肤上的一个小斑点也会让她们忧心不已。而她们的健康却难以享受到同等待遇，一些女人总认为自己的身体不痛不痒的，既没高血压又没冠心病，何必为身体太过费心？事实上疾病应该以防为主，等疾病上身，已经对身体造成危害。疾病到来时都是有信号的，比如人们常说的亚健康状态就是疾病的前奏。平时应该加强锻炼，提高自身抵御疾病的能力，

感到身体的亚健康状态，就要引起注意，要把疾病消灭在萌芽状态。

我们知道女人的迷人魅力就来自于那些看似不经意的小细节，发型的美丽，举手投足的优雅，可你是否知道女人的健康往往也有赖于生活中的一些小细节呢！如果你能注意为之，那你就会多一分健康，多一分美丽的风采。

别让小病变成了大病

女人应该多关心自己的身体，一旦出现某种问题就要马上就诊，因为有很多疾病如果能得到早期诊断治疗是完全可以治愈的。但如果你不重视却可能会耽误病情，那时后悔就晚了。

外阴肿痛是妇科病的一种，如果是良性肿瘤，确诊之后就可以切除治愈，但专家告诉我们外阴恶性肿瘤占妇科肿瘤的 3%～5%，很多人就是因为对身体不够重视或羞于启齿而耽误了治疗。

那么妇科恶性肿瘤有哪几种呢？

（1）外阴鳞状细胞癌

吴老太今年 60 岁了，她经常有外阴瘙痒症状，女儿几次劝她去医院检查，但吴老太就是"磨不开面儿"，每次都是自己用花椒水洗洗就扛过去了。这一次吴老太的症状似乎更严重，女儿不由分说地硬把她带到了医院。这时她才告诉医生，自己最近半年来下身经常发痒。有时被抓破，流血水。近一个月来发现右侧外阴部有一个指甲盖大的硬块，表面潮湿，不疼也不痒，没有在意。妇科医生检查发现，患者右侧外阴部有一个直径1cm大小的硬结，表面有小溃疡，溃疡表面有黄水状液体。妇科医生马上排除了病变，取了两块组织送病理切片检查。3天后报告结果为外阴部位鳞状上皮细胞癌。妇科医生立即通知患者住院进行了手术治疗。

外阴鳞状细胞癌是最常见的一种外阴癌，约占妇女外阴恶性肿瘤的90%，近年来发病率有所增加，可能与外阴部炎症及病毒感染的增多有关。对于外阴癌的诊断要引起人们的重视。以往，多因为被忽视而耽误病情，因此必须普及卫生知识，让妇女们重视外阴瘙痒及小结节症状的发生，一旦发生，要早日就医。医务人员在做检查时，要仔细检查外阴部，发现可疑应及时做病理切片检查，明确诊断后再治疗。在治疗上以手术切除为主。

（2）外阴恶性黑色素瘤

这种恶性肿瘤少见。多数由色素痣恶变而来。可发病于任何年龄的妇女，但多数为50岁以上妇女。患者常主诉有外阴瘙痒、出血及色素痣长大等症状。恶性黑色素瘤早期经血管或淋巴转移，恶性程度高。治疗以尽早手术切除为主。由于外阴部黑痣有潜在恶变的可能，一旦发现，应及早切除，以防止恶变。

（3）外阴基底细胞癌

这种癌症很少见，一般发生于30岁以上妇女。主要表现为大阴唇有小肿块，发展缓慢，很少有转移。但经常有多发性病灶同时存在。若在妇女外阴部已发现一个肿瘤，即应检查全身皮肤其他部位有无基底细胞瘤，还要详细检查是否同时存在其他部位的原发癌。比如乳房、胃肠、肺、宫颈、子宫内膜及卵巢等部位。治疗原

则是施行较广泛的局部切除术。

（4）前庭大腺癌

本病多发生于老年妇女，特别是 60 岁以上的妇女。早期无症状，患者因外阴部位发现肿块而来就诊。随着病情的发展，肿瘤可破溃形溃疡或继发感染，引起分泌物增多，有臭味，以及局部刺痛感。因此，如果早期在小阴唇深部触及坚实肿块，经消炎治疗无效，应及早做活检，并进行病理切片检查以明确诊断。治疗以手术切除为主。

除了上述 4 种外阴恶性肿瘤外，其他还有外阴肉瘤、外阴部转移性恶性肿瘤。外阴癌患者发病前常有多年的外阴瘙痒史。病变的早期常在外阴部发现小而硬的结节，不痛不痒而被忽视，有的可长达两年不发生什么变化。如若被抓破或自行破溃，溃疡面发生细菌感染，则有脓血性分泌物并伴有疼痛，且久治不愈。因此，遇到外阴部久治不愈的溃疡要做病理切片检查以明确诊断。

女人应当抛弃保守的思想，自己的身体健康才是第一重要的，任何时候都不能羞于就医，健康是自己的，幸福是自己的，若为了所谓的"颜面"而伤害了自己的身体那就真的太不值得了！

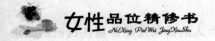

在运动中守护健康

什么样的女人最美？什么样的女人最漂亮？答案自然是无数的。要知道美丽与漂亮是有区别的。一个女人是否美丽，也许不能全看脸蛋是否长得美与丑。真正的美丽是一种光彩，是自然的流露，是一种扑面而来的感觉。

女人不运动就会过时，这似乎是现代都市女性的一句时尚宣言。而运动的目的也不再是"减肥"一个词就能概括的。爱运动的女人不认为美容化妆品可以留住青春，这就如同她们认为金钱不是万能的一样。可以说爱运动的女人比爱化妆品的女人，更懂得形体和美。

飞快的生活节奏，沉重的工作压力，以及激烈的社会竞争，让我们在旭日东升之时，带着洒脱的个性、自信的微笑、敏锐的能力迎接每一天。成天裹在死板的职业装里，拿开会、加班、应酬当一日三餐，睡眠时间少到几乎在透支生命，都快把工作的女人们鞭挞成一只不停地旋转的陀螺了。都说有事业的女人最幸福，谁知奔事业的女人多辛苦？但忙归忙，可不能就此亏待了自己，不妨忙中偷闲用运动宠爱一下自己，让自己保持健康的身体和美丽的容颜。

于是，越来越多的女人加入了运动行列，有的去女子健身中心跳健美操、练瑜伽、跆拳道；有的到附近的体育馆打羽毛球、网球；再偷懒点的，干脆在家里跟着电视节目中的口令做有氧操。在运动中，完善自我，让内在和外表的美达到永恒的统一。

荣誉艺术家徐冰就是一个再好不过的例子了。平日里她的爱好就是骑马。栗色的马鬃泛着油亮的光泽，在风里挥一挥马鞭，姿态娴熟地驾驭着那匹纯种蒙古马跃过小溪。这让每一位女性朋友忌妒。每当在空闲的时候，徐冰穿上质地优良的骑马装，紧身的小背心、宽大的马裤、皮质很好的马靴，还有黑色的礼帽，手持马鞭，到跑马场、草地、森林去骑马兜风。她说："骑马可以满足女人的无穷想象。"那女人多做运动到底对自己的美丽有什么好处呢？

（1）可以让自己更加年轻。曾有一位已为人妻为人母的女人，看上去还是那么青春靓丽，浑身上下涌动着健康向上的因子，就是因为她从小就喜欢运动，把每周的健美操，看做是生活中不可缺少的一个组成部分。全副行头上身，踩着舒展优雅的音乐节奏，对着健身房里的大镜子翩翩起舞，那感觉就像又回到了十四五岁青春勃发的年龄。

（2）可以放松自己的身心。瑜伽是目前美国好莱坞最流行的一种消遣方式，麦当娜每天就要花上两小时做瑜伽，梅格·瑞恩、朱莉娅·罗伯茨、伊莉莎白·赫利、芭芭拉·史翠珊、米切尔·菲佛、格温妮丝·帕尔特洛、杰米·李·柯蒂斯都是著名的瑜伽爱好者。按瑜伽教练的说法是，练瑜伽既可以塑造诱人的魔鬼身材，又能达到减轻自身压力的效果。对于练瑜伽的女性来说，不再是为了自我改善或是出于职业需要才进行运动，而是纯粹地让身心从日常繁忙的事务中得到解脱和彻底放松。

（3）可获得更多机会。看一个人生活质量的高低，就先看看她的肚子。因为如果她拥有一副匀称的体形，就说明此人必定有高质量的生活水平和良好的生活习惯。同时，由于社会竞争激烈，更多的年轻人意识到良好的形体和干练的气质，能使自己给对方留下一个很好的印象，从而获得更多机会。于是，很多都市忙碌一族开始关注起自己的形体。

最后要强调一下，现代的女人尖刻而挑剔，她们需要激情和新鲜感，就像游戏需要不停升级换代一样，当她们厌倦在跑步机上的单调慢跑和"一、二，一、二"的健美操口令声时，她们的健身方式也需要不断升级。3年前，时髦的女孩都去跳踏板操了；两年前，她们在健身房玩舍宾；而如今，她们又爱上了新的运动：动感单车、瑜伽、身体充电……也许它们仅仅是变换形式的健身操，但由此带来的新奇和趣味，以及进入其中的身心愉悦，却让喜新厌旧的女人们乐此不疲。

每个人选择运动的方式有所不同，但目的都是一个——锻炼身体、磨炼意志、放松身心，以使自己从内而外更加美丽。至于运动的形式如同穿衣一样，需因人而异，而不要一味地追赶时尚运动。

学会制订"合身"的运动计划

大多数女人也了解健康是生命的源泉，没有运动也就没有健康的身体。没有健康的身体，生活也会变得索然无趣，生命也会变得黯淡而凄惨，甚至使你失去一切热忱和自尊。再者，当现代都市女

性生活在物质与欲望中，在社会的大舞台上张扬个性、挥洒自己时，越来越多的人意识到适度的运动是摆脱职场中的紧张、精神上的压抑、生活中不快的一种上佳良药。它是世界上任何一个医师或一种药品所不能替代的。

在生活中，尽管多数女人都知道"生命在于运动"，以及运动与治疗慢性病的相对关系，但是，随着现代社会忙碌的生活形态，很多女人的体能状况倾向于工作中的劳动，工作之外，却未针对自己的体能状况去选择适合自己的运动。

我们可以分析一下，上班一族平均每日工作超过8小时，主要的能量消耗过度集中于工作之中，交通方式多为坐车，闲时很少散步。约有10%的人选择的运动是游泳、登山或慢跑，且是没有规律的运动，而有33%的人完全没有运动的习惯，是标准的"坐式生活族"。对于没有运动习惯的"坐式生活族"的女性一定要记得养成一些健康的运动习惯，因为这对于你的身体、工作和生活都是非常重要的。

当然，也有许多女性觉得有些剧烈运动根本就不适合自己。但你要记住：锻炼身体不是说非得去跑马拉松。关键是制订合身适用的计划，加上适度的运动，慢慢日积月累，形成一个适合自己的运动习惯，就足以使你身体健康了。那么，怎么制订合身的运动计划呢？

（1）先了解哪些运动方式适合你。你可以先想一想，都有些什么运动方式，各种运动方式的频率、强度、时间是多少，然后确定哪种运动方式你会感兴趣。有些带治疗性质的运动方法还能治疗某种身体问题。消遣性质的运动可以是增氧性运动，也可以是非增氧性的运动，也可以是一些增强技能的运动。这种运动方案的条件是：适合你的个性，能乐在其中；含有多种运动方式，不会觉得枯燥无味；简易舒适，能够成为你的生活方式之一；家人或朋友也能参加；易于开始，明显有益于生理和心理健康；能够提高你的生命质量；能够使你对自己的健康状况感到满意。

每一种锻炼都产生不同的心理效果。要获得最大收益，关键在于选择正是自己喜欢的、适合自己个性的运动方法。锻炼的方法有很多。有瑜伽功、健美操、登山、游泳、负重锻炼、增氧运动以及各种各样你以前想都没想过的运动方法。激发动力是主要问题，如果你觉得自己动力不足，那你一定要选一种相对容易天天进行的、自己也喜欢的锻炼方法，例如，每天下班，根据路途的长短可以选择少坐车和不坐车，慢慢你就会感受到你的活力。

（2）要明白自己做多少运动才够。这个问题的答案可以说是因人而异，关键是要达到运动的目的。一个成年女性每周内应尽量每天有 30 分钟或以上的适度运动。这 30 分钟可以是间歇性的累积，其中包括一些常规工作，例如，修花剪草、做家务、遛遛狗，或者是娱乐活动，或者和孩子一起玩耍，跳舞、运动以及进行一些传统的活动。低强度运动的频率应该频繁些，可以便每次运动的时间长些，或者两者兼而有之。如果你按照这个标准，大约每天可以消耗 200 卡路里的热量，等于步行两公里。长期积累，对身体非常有好处。

加拿大的一个运动生理学会制定了《体育运动指南》，其目的是唤醒那些嗜睡的加拿大女性，让她们到户外锻炼一下。该指南指出，每天适度活动大约一小时就足够了，可以改善形体，强健心脏。轻松的漫步、简易的园艺活、活动活动一下筋骨都算是锻炼；

无须通过剧烈运动来增进健康。要取得这个效果，一定要每天坚持。该指南还指出：每天活动6次，每次10分钟其实是很容易做到的；它能减少你早逝的可能性，消除得心脏病、糖尿病、高血压病的倾向，甚至防止抑郁和紧张情绪。指南还说，如果你还进行慢跑或者是有氧健身运动，那么锻炼的时间可以减少为每周4次，每次30分钟。

如果你因工作忙碌或家务缠身有一段时间没有运动了，你可以从较简单的跑步或游泳开始，节奏要缓慢，以自己适应为度。一段时间后，你的体力就能得到增强，无须剧烈运动你也能逐步强壮起来。等身体状态更佳了，你就能进行强度更大、要求更高的运动了。

（3）要对运动过程中遇到的情况有所估计和应对。例如，最常见的就是女人发现自己的皮肤变得粗糙不堪，最后虽说有心坚持运动下去，但为了自己的美丽而最终舍弃了运动。因此，对于女人来说，运动的同时必须拘泥一些小节，以避免运动给自己的皮肤带来伤害。

以下是建议女性朋友在运动时要注意的问题：

①运动前先卸妆，用中性清洁剂洗净脸部污垢，运动时如脸部残留化妆品污垢，会造成毛孔堵塞。

②运动时要护发，汗水、阳光和碱水是头发的天敌，运动后必须洗净头发。

③在户外运动时，为避免头发遭受阳光及盐分侵蚀，最好戴上帽子。

④运动后立即脱掉湿衣服，否则，肩、背、胸上的暗疮会在湿

衣服的摩擦下再冒出来；此外，汗水黏附在皮肤上，容易长粉刺。

⑤要选择清爽浴液沐浴，因为运动时皮脂腺分泌会更加旺盛，沐浴不仅可以洗去皮肤积存的污垢、促进血液循环，还能调节皮脂腺与汗腺功能，使毛孔畅通，皮肤更光滑，要洁肤、爽肤、再润肤，避免皮肤过早老化。

⑥运动后半小时内，脸部仍会流汗，不要立即上妆。

⑦由于阳光照射会使皮肤衰老，经常运动的人要终年使用防晒霜，杜绝皮肤与阳光过分接触。

总之，为了自己的健康，为了自己的美丽。相信你一定能为自己制订一套合身的最佳的运动计划，使其效果倍增，令自己越动越健康，越动越美丽。

健康饮食更美丽

女人不要把所有热情都投注在置衣美容上，你还应该多关心一下自己的饮食健康，如果说健康是美丽的重要元素之一，那均衡的饮食就是健康的第一大基石。因此，千万别用简便食品潦草地打发一日三餐，这可会损害你的美丽哦！

那么女性朋友在健康方面要注意哪些问题呢？

（1）早起一杯白开水

早起一杯白开水不仅可以清洁肠道，还可以补充夜间失去的

水分。

（2）早餐不能省

用脑量较大的职业女性如果不吃早餐，10点钟左右就会出现低血糖症状，如头晕、心慌等，而且这也会造成下一餐进食后的血糖和胃肠负担加重，增加胆囊疾病的发病率。几片全麦面包，一碗米粥或麦片，一个鸡蛋，一个水果，这样的一顿早餐能让你一天精力充沛。

（3）蔬菜水果——多多益善

成年人每天蔬菜摄入标准为至少500克。而且最好能吃5种以上的蔬菜。另外，如果没有糖尿病等禁忌证，营养学家建议应每天吃2～3个水果。

（4）多吃奶制品

女性骨质疏松的发生率明显高于男性，这种现象在我国尤为严重。这与我国大众饮食结构中奶制品含量过低有关。通常，女性从28岁后钙质开始渐渐流失，更年期后流失速度更快。多吃奶制品是补充钙质的绝好选择。

（5）食补雌激素

现在有明显的女性更年期提前问题，很多女性40岁不到就出现了停经、潮红、脾气暴躁以及雌激素下降的症状。营养学家建议女性平时可通过饮食来增补雌激素。比如，早起用温开水送服1～2汤匙新鲜蜂王浆，并坚持每天喝一杯鲜豆浆，或者吃一份豆制品，因为蜂王浆和豆腐都含有丰富的天然雌激素。

（6）别忘了红糖

红糖价廉，却含有丰富的微量元素，对女性补血效果极好，古语有"女子不可百日无糖"，指的便是红糖，如果你不习惯直接冲

水喝，不妨试试红糖芝麻小米粥。长期适量服用红糖，连皮肤都会
靓丽起来。

（7）咖啡好喝要限量

每天一到两小杯咖啡就好了，特别是对女人，多喝容易引起钙
的流失。而且过多的咖啡因摄入也会对神经和心脏带来刺激。夜晚
喝，尤其会影响睡眠质量。如果你本来就睡不好觉，最好还是少喝
咖啡为妙。

（8）与茶为友，制造苗条

茶能消除肠道内的脂肪，是女人最天然、最有效的减肥剂。因
此，只要没有严重的胃肠疾病，平时可以多喝茶，尤其是绿茶和乌
龙茶，更是美颜的佳品。但对于那些胃酸分泌过多的人来说，最好
改饮红茶。但是茶叶也含有咖啡因，所以切忌喝过浓的茶，尤其是
在孕期、临产期或哺乳期更该酌情减少。

健康的饮食可以给你提供每天所需的营养和微量元素，让你更
健康更美丽。

让衰老迟到 10 年

衰老是不受欢迎但必定会到来的客人，我们可以想办法让它的
脚步慢些再慢些。要延缓老化，科学饮食很重要。抗衰老的饮食原
则是减少摄取会产生自由基的食物，多摄取含抗氧化物的食物。

（1）营养要均衡，坚持饮食"四舍五入法"

四舍：脂肪、胆固醇、盐和酒。五入：纤维饮食（全谷类、蔬菜和水果）；植物性蛋白质（大豆蛋白）；富有胡萝卜素、维生素C、维生素E的食物；含钙质的食物（牛奶）；每天6~8杯的水。

（2）多摄取含抗氧化物的蔬果

富含维生素C、维生素E、β胡萝卜素、番茄红素、多酚类（如葡萄、红酒、茶类）等的食物都有抗氧化效果，可以保护胶原蛋白不受自由基攻击而损伤。而各种蔬果里的抗氧化物质多也最丰富。

提醒你：

①每天尽量吃到3种不同颜色（红、橙、黄、绿、紫等）的新鲜疏菜及两种不同的水果。吃的颜色愈多样，表示吃进愈多不同种类的抗氧化物。

②富含维生素C的蔬菜有西兰花、番茄、萝卜、圆白菜、青椒；水果有橙子、柿子、番石榴、奇异果、草莓、柠檬、鲜枣、山楂等。

③富含维生素E的食物包括核桃、腰果、芝麻等坚果类食物。

④每天喝1~2杯茶，茶里（尤其绿茶）都含有丰富的抗氧化物。

（3）避免高脂肪及油炸食物

高热量、高脂肪，尤其是油炸食物都容易产生自由基，加速老化。如果能减少摄食这一类食物，就等于减少了身体被自由基伤害的机会，以及皮肤出现黑斑、皱纹，罹患癌症、心脏病、中风、高血压、骨质疏松症等疾病的风险。

建议你：

①不要吃西式快餐。

②饮食以清淡为主，烹饪多用蒸或煮。

③30岁后热量摄入要比之前少10%。

（4）多食含丰富纤维素的食物

纤维素能强化体内排毒功能，还能强化肠道蠕动，免受便秘之苦。食物中含高纤维的有蔬菜、糙米、玉米、燕麦、全麦面粉、绿豆、毛豆、黑豆、杏仁、芝麻、葡萄干等，都是抗老化的好"帮手"。

（5）多吃一些富含胶质的食物

如猪皮、猪脚、鸡爪、海参之类食品，有助于皮肤保持弹性。

（6）传统上重视食补，一些药食同源的食品也是抗老化的重要帮手。

蜂乳、花粉、枸杞、红枣可滋润肌肤，达到美容功效；山楂、玉竹、桑葚可预防脂肪堆积及动脉硬化；核桃、首乌、黑豆则可以防治白发；金针菇、黑木耳、香菇能软化血管，防止癌症。

合理健康的饮食，可以提供足够的营养，还可以由内至外改善身体状态，让你年轻10岁不是梦！

女人，别让家务谋杀了你的健康

无论你是 24 小时的全职太太，还是行走社会的职业女性，你操持家务的机会都要比男性多得多，当你认真地沉浸在衣物洗涤、锅碗的洗刷和消毒、驱除讨厌的蟑螂蚊子等家务中时，你可曾想到你的肌肤和身心健康正在遭受化学用品潜移默化的伤害？不要怀疑，有时候正是你认为理所当然的家务谋杀了你的健康。

（1）皮肤受损

洗衣粉、洗涤剂、杀虫剂、洁厕灵等家庭用清洁化学品含有碱、发泡剂、脂肪酸、蛋白酶等有机物，其中的酸性物质能从皮肤组织中吸出水分，使蛋白凝固；而碱性物质除吸出水分外，还能使组织蛋白变性并破坏细胞膜，损害比酸性物质更加严重。洗涤用品中所含的阳离子、阴离子表面活性剂，能除去皮肤表面的油性保护层，进而腐蚀皮肤，对皮肤的伤害也很大。常使用洗涤剂还可导致面部出现蝴蝶斑。

（2）免疫功能受损

各种清洁剂中的化学物质都可能导致人体发生过敏性反应。有些化学物质侵入人体后会损害淋巴系统，引起人体抵抗力下降；使用清除跳蚤、白蚁、臭虫和蟑螂的药剂会致人体患淋巴癌的风险增大；一些漂白剂、洗涤剂、清洁剂中所含的荧光剂、增白剂成分，

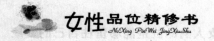

侵入人体后，不像一般化学成分那样容易被分解，而是在人体内蓄积，大大削减人体免疫力。

（3）阻碍伤口的愈合

荧光剂还能使人体细胞出现变异性倾向，其毒性累积在肝脏或其他重要器官里，成为潜在的致癌因素。血液系统受损，化学物质容易污染人体血液，虽然血液具有一定的自净能力，微量的有害物质进入其中，会被稀释、分解、吸附和排出，但长期、大量的有毒物质倾注而入，必致其发生质的变化。清洁用品中的化学物质进入血液循环，会破坏红细胞的细胞膜，引起溶血现象。

（4）血液污染之源

不少含天然生物精华物的沐浴液，常含有防腐剂等化学物质，也是血液污染之源。用于防衣物虫蛀的"卫生球"，主要成分为煤焦油中分离出来的精萘。长期吸入卫生球的萘气，会造成机体慢性中毒，抑制骨髓造血功能，使人出现贫血、肝功能下降等现象。

（5）白血病的风险增高

据有关资料表明，家庭中置放杀虫剂的妇女，患白血病的风险比家中没有这类物品的高两倍。一些空气清洁剂中所含的人工合成芳香物质能对神经系统造成慢性毒害，使神经系统受损，致人出现头晕、恶心、呕吐、食欲减退等症状。杀虫剂含除虫类毒性物质，用来杀灭苍蝇等飞虫的树脂大都用敌敌畏处理过，这些毒性物质能毒害神经并诱发癌症。不同类型的清洁剂混用，可能导致的后果更严重。生殖系统受损：化学稀释剂、洗涤剂大都含有氯化物。氯化物过量，会损害女性生殖系统。

（6）导致不孕

　　清洁剂中的烃类物质，可致女性卵巢丧失功能；烷基磺酸盐等化学成分可通过皮肤黏膜吸收。若孕妇经常使用，可致卵细胞变性，卵子死亡。科学家在研究不孕症过程中，发现不少妇女的不孕与长期使用洗涤剂关系密切。在怀孕早期，洗涤剂中的某些化学物质还有致胎儿畸形的危险。

　　鉴于家用清洁剂对女性健康危害甚多，妇女应注意自我保护，平时应尽量减少接触化学用品的机会。使用清洁用品时，应采取相应的保护措施，如戴上橡胶手套再用洗衣粉洗衣物；身体接触了化学品，要用清水冲洗干净；居室多开窗通风等。若在使用清洁用品时出现头晕、过敏等不良反应，应及时就医。

　　几乎每个女人都在做这样的事：你一方面不断地购买各种护肤品和保健品来保养自己的肌肤和身体，另一方面你却在家务劳动中让它们遭受损害，这就是一些女人总是抱怨买来的护肤品和保健品效果不大，即使一直注意营养饮食也无济于事的原因。所以，女人在做家务时，一定要小心化学用品的伤害，一个口罩，一双橡胶手套，就可以帮你将伤害尽量减少。